JN039251

情報理論のエッセンス

改訂2版

The Essence of Information Theory

平田廣則 著

はじめに

世界中への 2020 年の新型コロナウイルス（COVID-19）の席巻により，強制的に世の中の仕組みの変革が迫られ，テレワーク（在宅勤務），テレビ会議，オンライン，リモートなどの言葉が飛び交い，高度情報化社会を支える情報技術の革新・進歩の重要性が増大した．

その高度情報化社会において，通信・インターネット，コンピュータなどディジタル社会関連基幹技術の根幹をなす理論の 1 つが，情報理論である．

情報理論は，情報分野，電気電子分野をはじめ，理工系諸分野の基礎科目である．また，現在においては種々の融合分野においてもその有用性が着目されている．

シャノンによりその基礎が構築された情報理論は，非常に明快な理論であり，優れた本も多く，現在も進歩している領域であるが，残念ながら，初学者（素人）がその基礎的本質を容易に理解できる教科書は，非常に少ない．

著者は，大学学部生に長年情報理論を教えてきたが，残念ながら（あるいは，幸運にも）情報理論そのものを研究対象とした専門家ではない．システム科学・工学の領域で，特に生態ネットワークなどの大規模（複雑）ネットワークを対象として，情報理論的思考をベースにした応用研究を行ってきた．

学生時代から教師時代を通して，専門家でないがゆえに初学者のわかりにくい点を我が身で感じ取り，それらを理解しやすくする道を，試行錯誤により，認識，実践できた．それらを，できるだけ本書で読者の方々にお伝えできればと思う．

本書の特徴は

- かゆいところに手が届く，わかりやすい内容になっている．
- 情報理論のエッセンスに絞って，やさしく解説している．
- 2 種類のタイプの **〈ノート〉** と **〈ノート（Advance Note）〉** を設け，本書本文の内容の理解を助ける内容と，各自が本書以上の一歩進んだ発展的勉強・研究を目指すときに役立つ内容を区別して説明している．各自の必要によって活用していただければよい．本文の内容が理解できれば，〈ノート〉の項は，読み飛ばしてもかまわない．

- 必要性と授業時間の制約などから，授業では省略してもよい章，節に*印を付けている．
- 演習問題を各章の最後に設けている．解答は 34 頁にわたり，各問に非常に詳しい解答を付けてある．チャレンジしてできなかったときは，解答で勉強し，再チャレンジできるように工夫してある．
- 演習問題の各問には，難易度のレベルを 5 段階★～★★★★★で示し，また，チャレンジした回数 Challenge □□□□ をも記載できるようにしている．

以上より，本書は，情報理論を，情報関連科目，あるいは理工系分野の基礎科目として学ぶ学生諸氏をはじめとして，種々の分野の方々が，情報理論の基礎とエッセンスを手軽に修得されることに適した本となっている．また，将来において一層進んだ情報理論の学習が必要となった場合には，本書で修得したエッセンスを基礎として，本書よりも発展的な内容が十分理解できるようにも構成した．

終わりに，この度本書の改訂の機会を与えていただいた株式会社オーム社編集局の皆様に，深く感謝する．

2020 年夏

著　　者

本書について

本書では，皆さんの理解を助けるためのいくつかの「新しい試み」をしています．それらを以下で説明します．

キーワード

各章で抑えるべき重要な用語をまとめてあります．各章の理解度を測るうえで，各キーワードを自分で説明できるかどうか，各章を学習した際に試みてください．

Keywords ①キーワード 1，②キーワード 2，…

ノートとアドバンスノート

2 種類のタイプの**〈ノート〉**と**〈ノート（Advance Note）〉**を設け，本書本文の内容の理解を助ける内容と，各自が本書以上の一歩進んだ発展的勉強・研究を目指すときに役立つ内容を区別して説明しています．各自の必要によって活用してください．本文の内容が理解できれば，〈ノート〉の項は，読み飛ばしてもかまいません．

Note X Y

ノートです．

Advance Note X Y

アドバンスノートです．

例

具体例を実際に自分の手で解いて，理解につなげてください．

例 X.Y 例です．

性質，定理

重要な性質や定理を次のような枠で囲っています．内容をよく理解してください．

> **性質，定理**
>
> 性質，定理です．

証明

命題の証明をしています．読みとばしてもかまいませんが，本質の理解に生かしてください．

証明

証明です．

演習問題

演習問題の各問には，難易度のレベルを 5 段階★～★★★★★で示し，また，チャレンジした回数 Challenge □□□□ をも記載できるようにしています．チェック〈✔〉を書き入れて，自分の努力の足跡を記入し，実力のアップに活用してください．

Challenge □□□□

X-Y ★★★ 演習問題です．

目　次

（注）　必要性と授業時間の制約などから，授業では省略してもよい章，節に＊印を付けている．

第 1 章 情報理論とは？

シャノンの構築した情報理論を概観する．情報伝送プロセスを考察し，シャノン・ファノの通信システムモデルを取り上げ，関連の重要事項である情報源，符号化，復号，通信路について簡単に説明する．特に，符号化は，情報源符号化と通信路符号化の 2 種類があることに言及する．

Keywords ①情報理論，②情報伝送プロセス，③シャノン・ファノの通信システムのモデル

1 1 情報理論の生い立ち

現代社会において，**情報**（information）という言葉が氾濫しているが，私たちは情報をどのようにイメージしているのであろうか？

その具体例として，電話の音声，テレビの画像，新聞の文字，インターネット上の各種メディアの文字・音声・動画などが思い浮かぶが，それらに含まれる人間生活に有益な内容を情報としてとらえているのではなかろうか．

古来では情報の伝達は，身振り，手振り，会話など，人間相互の直接的な伝達で用が足りていた．その後，社会の発展とともに遠方への情報の伝達が必要となり，のろしや手紙などの通信手段をへて，電話や無線通信などによってさらに遠方への伝達が可能となった．現代においては，インターネットを介して動画・音声などの情報の高度な伝達が可能となり，格段にその進歩，重要性が増している．科学技術の進歩とともに，通信手段が高度で複雑になるにつれ，その過程において情報の理論的扱いが自ずと必要となってきたのである．

情報理論（information theory）は，20 世紀の半ばに**シャノン**（C. E. Shannon）により構築された．この理論は一言でいえば，情報の伝送プロセスを確率モデルを用いて統一的に議論し，情報伝送における技術開発に対し

て普遍的な指針を与える理論である．これについては以降で詳しく解説する．

Note 1 1

クロード・シャノン（Claude Elwood Shannon：1916〜2001）．アメリカ合衆国生まれ．情報理論の創始者．計算機にブール代数の考え方を始めて導入した業績でも知られる．その他，暗号理論やオートマトン理論をはじめとする情報科学・工学，電気工学，人工知能（AI）などの広い分野で卓越した業績を残した応用数学者である．1985 年に第 1 回京都賞を受賞するなど多数の賞を受賞している．

1 2 情報理論のエッセンス

情報理論の第 1 の仕事は，情報を数量化し，共通の尺度で情報を評価できるようにすることである．すなわち，情報の満足すべき条件から，情報量を確率の関数として表すことである．

ここで，情報が伝えられていく過程を考えてみると

(1) 伝送される情報

(2) 情報を送る人（送信者）と受け取る人（受信者）

(3) 情報が伝送される通り道（伝送媒体）

から構成され，大まかに**図 1.1** のようにとらえられる．

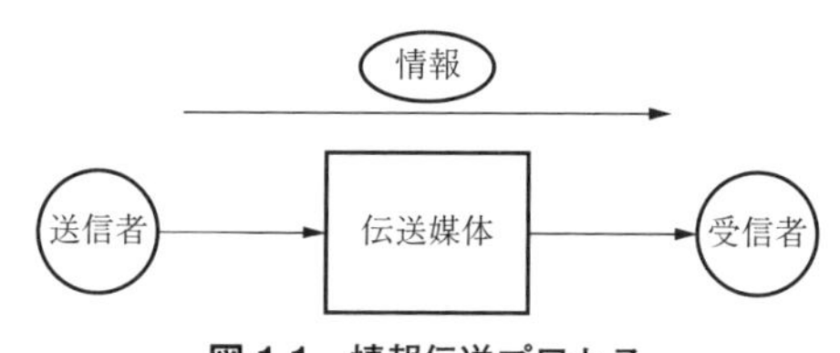

図 1.1　情報伝送プロセス

たとえば，A さんがスマートフォン（スマホ）・電話で友人の B さんに電話をかけるときは，情報は A さんの発する言葉であり，送信者は A さん個人，受信者は友人 B さんである．実際は双方向なので，その役割は，会話のつど入れ替わる．そして伝送媒体は，空気中とか途中の光ケーブルなど情報が通過する媒体である．またテレビ放送では，送信者がテレビ局，受信者が自宅のテ

レビとなる．ここでの伝送媒体は電話と同様，空気中やケーブルである．ここでいう伝送媒体を**通信路**（channel）と呼ぶ．通信路として，宇宙空間，BD，DVD や CD，あるいは本などを考えることもできる．

この情報伝送プロセスの中で考える必要がある事項は

(1) 情報
(2) 通信路
(3) 伝送手段

の 3 つである．それらを図 1.1 に明確に挿入し，補足すると以下の**図 1.2** となる．すなわち，各事項の中を少し詳しく見ると

- 情報 …… 情報源（送信者）
- 通信路 …… 外乱（雑音）
- 伝送手段 …… 符号化，復号

となる．

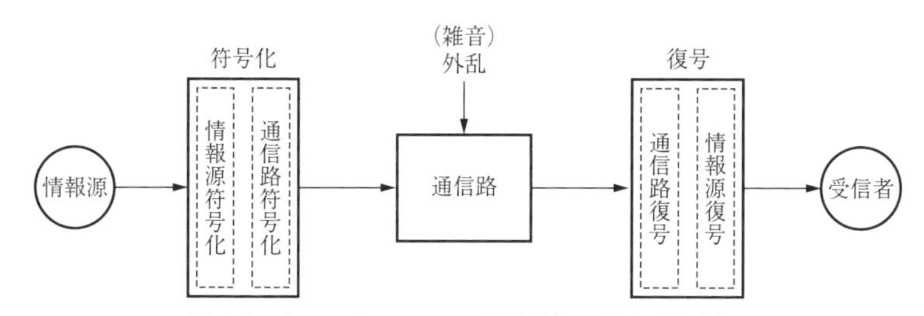

図 1.2　シャノン・ファノの通信システムのモデル

送信者は情報を発するので，**情報源**（information source）と呼ぶ．

たとえば，情報として $a, b, c, \cdots$ 系列を伝送したいとき，そのままの形では送信できないので，電気的 2 値の信号を用いて実際に送ることを考える．そのため $a, b, c, \cdots$ 系列を $0, 1$ 系列に変換する必要があり，その変換操作を**符号化**（coding, encoding）と呼ぶ．この場合，最短の符号が最良の符号である．$0, 1$ 系列が通信路を通った後，実際に受信者が利用できる元の情報 $a, b, c, \cdots$ に変換することを，**復号**（decoding）という．

理想的な通信路での伝送であれば，これで伝送は完了するが，実際には通信路において，種々の原因に起因して**外乱**（disturbance）すなわち**雑音**（**ノイズ**）（noise）による誤りが生ずる．これをできるだけ排除して，誤りのない情

報の伝送を実現するためには，この誤りに対する対策を講じる必要が生まれる．この誤り対策のための符号化を，前述の符号化と異なる意味の符号化として，**通信路符号化**（channel coding）という．この通信路符号化との混乱を避けるため，前述の最短符号を構成する符号化を，**情報源符号化**（information source coding）と呼ぶ．したがって，符号化には

- 情報源符号化
- 通信路符号化

の 2 つがあり，情報源符号化は「情報源それ自身の符号化」であり，通信路符号化は「通信路のための符号化」である．

この 2 つの符号化の概念的違いを，簡単な例で見てみよう．

2 つの記号 a と b を伝送することを考える．これを以下のように 2 元符号化（0, 1 系列で符号化）する．

$$
\begin{aligned}
&\mathrm{a} \rightarrow 0 \\
&\mathrm{b} \rightarrow 1
\end{aligned}
\tag{1.1}
$$

（ここで，0 と 1 が情報源符号である）

これが情報源符号化で，符号は短ければ，短いほどよい．2 つの記号を符号化するので，自ずと最も短い 0 と 1 に符号化することとなる．

直接通信路を通してこの符号を伝送すれば，たとえば a として 0 を伝送した場合，途中の外乱の影響で，0 が 1 と受信者に伝わることがありうる．この場合，a を送ったはずなのに b と復号されることになり，伝送に誤りが生じたこととなる．これを避けるのが通信路符号化である．

非常に簡易な方法を実行すれば，たとえば次のように

$$
\begin{array}{ccccccc}
\mathrm{a} & \rightarrow & 0 & + & 00 & \rightarrow & 000 \\
\mathrm{b} & \rightarrow & 1 & + & 11 & \rightarrow & 111
\end{array}
\tag{1.2}
$$

と，情報源符号化による符号へ，さらに冗長部分として a に 00，b に 11 と 2 個の記号を付け加えることで実現できる（この a に付け加えられた 00，b に加えられた 11 が，通信路符号である）．これにより，1/3 の誤りは訂正できる．すなわち，a（000）と送信したにもかかわらず，3 つの中の 1 つ（1/3）の 0 が，誤って 1 となり，010 と受信された場合でも，多数決で 000 の間違いであろうと判断し，a と復号できるのである．

情報源符号化の目的は，エネルギーと時間の節約にあり，それを実現するためには極力短い，最短の符号を構成する必要がある．しかし，符号が最短であればあるほど外乱の影響を受けやすくなる点に注意が必要となる．

一方，通信路符号化の目的は，信頼性の向上にあり，それを実現するためには，冗長部分をあえて加えることにより，誤りが生じた場合であっても，その誤りを検出・訂正して正確な伝送を実現する必要がある．**表 1.1** にこの 2 つの符号化の違いについてまとめる．

図 1.2 に示したように，情報源符号化に対して情報源復号，通信路符号化に対して通信路復号が必要であり，それらは各々対をなすため，その順序については注意を要する．

表 1.1　情報源符号化と通信路符号化の比較

符号化	最終目標	実現状況	符号の長さ	定　理
情報源符号化	効率化	エネルギー・時間の節約	最短符号の実現	情報源符号化定理（シャノンの第 1 基本定理）
通信路符号化	信頼性の向上	誤りの検出・訂正	冗長性の付加	通信路符号化定理（シャノンの第 2 基本定理）

通信路符号化においては，通信路への外乱の影響で生ずる誤りを検出・訂正し，正確な伝送を実現するための符号を構成する必要がある．この分野は情報理論の中で非常に大きな領域を占めており，特に取り上げて，**符号理論**（coding theory）と呼ばれることがある．

先の簡単な例では，通信路符号を構成するために，情報源符号にそれと同じ記号を 2 個付加したが，どのような規則により冗長性を加えることが有効であるかの議論が，**誤り検出・訂正符号**（error-detecting・correcting code）であり，種々の具体的符号化法が提案されている．

第2章

情報のとらえ方と情報量

情報の数量化について考える．情報量が確率の減少関数であり，情報の加法性が成り立つ場合に，どのような関数形で情報量を表現するべきかを議論する．まず自己情報量を定義し，その平均値を考えることにより，平均情報量を定義する．平均情報量は，エントロピーとも呼ばれる．自己情報量と平均情報量の違いを明確に把握する例を示す．

Keywords ①自己情報量，②平均情報量（エントロピー）

2 1 情報の数量化 —自己情報量—

世の中には，数量化されているものと数量化されていない（あるいは，できない）ものがある．

- 数量化されているもの：身長（cm），温度（°C），時間（時，分，秒）など
- 数量化されていないもの：「情報」，楽しさ，おもしろさ，美しさなど

情報理論の受講前においては，「**情報**（information）」は数量化されていないもののクラスに入っていたと思うが，情報を理論的に考察するために，数理的に情報を扱い，今日からは「情報」を数量化されているもののクラスに入れる必要がある．共通の尺度で情報を評価するために，情報を確率を用いて考察してみよう．

ここで，次の 2 つのニュースを見たとする．

(a) 東京に雪が降りました．

(b) 北極に雪が降りました．

この 2 つのニュースを見て，私たちが情報を得た場合，どちらが大きな情報を得たと感ずるかを考える．

ニュース（a）から得られる情報量を $i(a)$，ニュース（b）から得られる情報量を $i(b)$ とおき，その大小を比較する．大小関係は，**図 2.1** に示すように式 (2.1) の 3 つの場合が考えられる．

$$
\begin{aligned}
&i(a) > i(b) \\
&i(a) = i(b) \qquad (2.1) \\
&i(a) < i(b)
\end{aligned}
$$

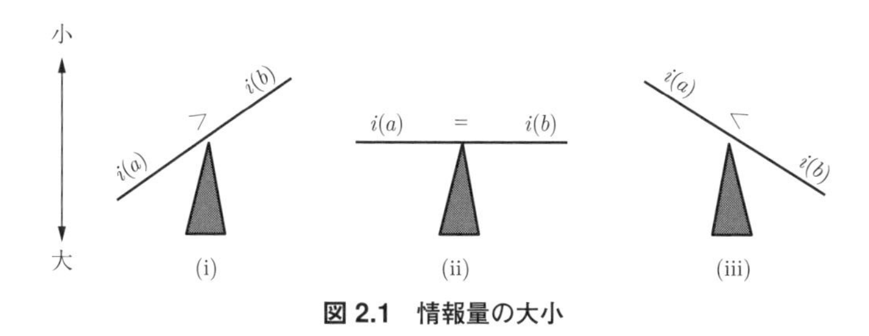

図 2.1　情報量の大小

情報の価値（大，小）を考える場合，第 1 に「主観的立場」をとるか「客観的立場」をとるかが問題となる．たとえば，東京に住んでいる人であれば東京は地元であり関心が深くなり，情報量 $i(a)$ が大きいと感ずる．あるいは今から北極圏へ旅行する人はその情報を探しており，情報量 $i(b)$ が大きいと感ずる場合もあるだろう．これらは，自分の立場により価値を判定しており，立場が変わると評価も変わる主観的立場である．したがって，どの場合を採用しても，間違いではない．しかしながら，情報理論においては，誰でもが同じように情報を取り扱えるようにするため，情報理論で扱う場合の情報の価値（情報量）は，客観的立場で評価すると約束する．

客観的立場，いわゆる「**ニュース的価値**」を考えてみると，この場合

$$
i(a) > i(b) \qquad (2.2)
$$

と判断できる（**図 2.2**）．ではなぜこのように考えられるのか．つまりこれは，そのこと（雪が降るということ）が起こりやすいことかどうかに基づいて判断した結果である．北極圏では毎日のように雪が降るので情報の価値は低く，東京ではたまにしか雪が降らないので，情報の価値は高くなるのである．起こり

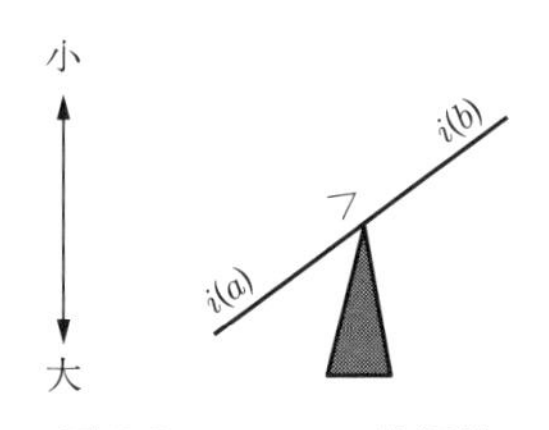

図 2.2　ニュース的価値

やすさを数学的に表そうとすると，確率を用いることになる．そこでまず次の点が考えられる．

【1】情報量は，確率の関数である．

すなわち

$$i(x) = i(P(x)) \tag{2.3}$$

ここで，$P(x)$ は事象 x が起こる確率を示す．

これが，情報量の満足すべき第 1 の条件である．

Note 2 1

1 個のサイコロを振る．そのとき，出るサイコロの目について考える．

「k の目」が出ることを，a_k とする．a_k（$k = 1, \cdots, 6$）を**事象**（event）と呼び，事象の集合を**確率事象系**という．各事象 a_k には，それが起こる（生起）確率が存在する．ここで確率事象系を A と表すと，確率事象系は下記のように事象と確率の対で表現される．

$$A = \left\{ \begin{matrix} a_1, & a_2, & \cdots, & a_6 \\ P(a_1), & P(a_2), & \cdots, & P(a_6) \end{matrix} \right\} = \left\{ \begin{matrix} 1, & 2, & 3, & 4, & 5, & 6 \\ \frac{1}{6}, & \frac{1}{6}, & \frac{1}{6}, & \frac{1}{6}, & \frac{1}{6}, & \frac{1}{6} \end{matrix} \right\} \tag{2.4}$$

$\mathrm{P(a}_k\mathrm{)} = 1/6$（$k = 1, \cdots, 6$）で，1 の目から 6 の目までが等確率で起こることを示している．

また先ほどの $i(a)$ と $i(b)$ の大小関係を，各々の確率 $P(a)$ と $P(b)$ の大小関係により考えると，**図 2.3** のように確率の小さい方が情報量が大きいといえる（ここで $P(a)$ は，東京で雪が降る確率，$P(b)$ は，北極で雪が降る確率である）．これから次の点が導かれる．

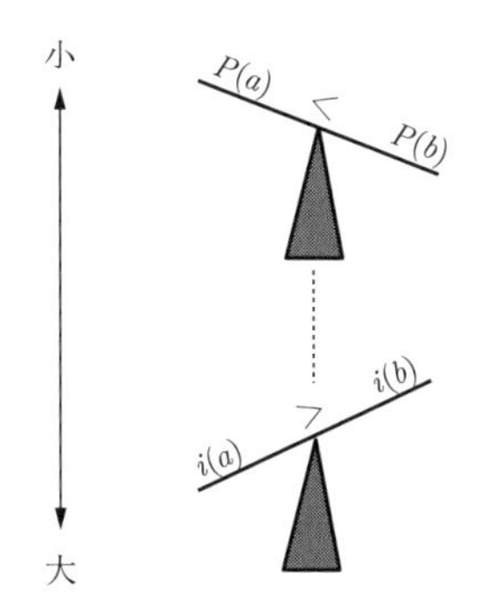

図 2.3　確率と情報量の関係

【2】起こりにくい事象についての情報ほど，それについて知ったときの情報の価値は大きい. これは式 (2.5) で表わされる.

$$P(\alpha) < P(b) \rightarrow i(a) > i(b) \tag{2.5}$$

すなわち情報量 $i(P(x))$ は，確率 $P(x)$ の減少関数である.

これが，第 2 の満足すべき条件である.

次に，2 つのニュース (a) と (b) の両方を見たとき受け取る情報量は

$$i(a, b) = i(P(a, b)) \tag{2.6}$$

と表される．ここで，$P(a, b)$ は事象 a, b が同時に起こる確率（結合確率）を表す.

> **Note** 2 2
>
> 2 個の事象 a, b が同時に起こる確率は**結合確率**（joint probability）と呼ばれ，$P(a, b)$ と表される．事象 a, b が，互いに関連性がない，すなわち「独立」な時はその結合確率 $P(a, b)$ が
>
> $$P(a, b) = P(a)P(b)$$
>
> の関係をもつ.

この $i(a, b)$ がニュース（a），（b）を別々に見たときの情報量 $i(a)$，$i(b)$ とどのような関係があるかを考えてみよう．ニュース（a）（b）を同時に知ったとき，（a）を知り，その後（b）を知ったとき，あるいは逆に（b）を先に知り，

次に（a）を知ったとき，果たして得られる情報量は同じであろうか．複数の情報を得るとき，得る順序は色々考えられるが，それらがお互いに関連のない情報（独立な情報）であれば，得られる順番は問題ではない．この場合に得られる情報量は，個々の情報を別々に得たときの情報量の総和になることが期待できる．

そこで情報量の満たすべき第 3 の条件として，次の

【3】情報の加法性

すなわち，情報（a），（b）が独立である場合

$$(P(a,b)=P(a)P(b)) \to i(a,b)=i(a)+i(b) \tag{2.7}$$

が必要となる．

以上に述べた情報量の満たすべき 3 条件は，次のようにまとめられる．

【1】 $i(x)=i(P(x))$

【2】 $i(P(x))$ は，$\mathrm{P}(x)$ の減少関数 (2.8)

【3】 $i(P(x)P(y))=i(P(x))+i(P(y))$

この 3 条件（【1】～【3】）を満足する関数形を求める．関数の種類は，三角関数，指数関数，対数関数…と種々あるが，条件【3】を満足する関数は，対数関数しかない．ここで，条件【2】の減少関数であることを考慮して

$$i(x)=i(P(x))=-\log_s P(x) \tag{2.9}$$

と定義する．s の値により次のような単位を用いる．

$$\left.\begin{array}{l} s=2\ \text{〔bit〕（ビット）} \\ s=e\ \text{〔nat〕（ナット）} \\ s=10\ \text{〔decit〕（デシット），〔Hartley〕（ハートレー）} \end{array}\right\} \tag{2.10}$$

情報理論においては，一般に $s=2$ を用い

$$i(x)=-\log_2 P(x) \quad \text{〔bit〕} \tag{2.11}$$

と表し，**自己情報量**（self-information）と呼ぶ．概略は**図 2.4** のように表される．

以下においては，底 2 を省略し

$$i(x) = -\log P(x) \quad \text{〔bit〕} \tag{2.12}$$

と書く．底として e あるいは 10 を用いるときは，そのことを特記する．

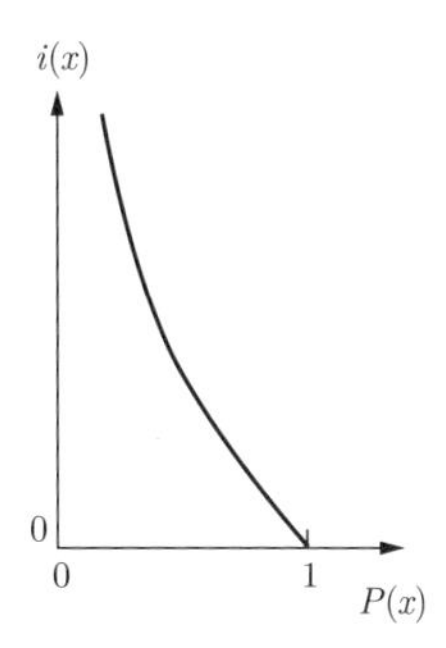

図 2.4　自己情報量の関数形（$i(x) = -\log_2 P(x)$）

例 2.1　コインの表，裏，スイッチの ON，OFF，2 値の 0, 1 の場合，その確率を 1/2，1/2 と考える．この場合の確率 $P(x) = 1/2$ を式 (2.12) へ代入すると

$$i(x) = -\log \frac{1}{2} = 1 \quad \text{〔bit〕} \tag{2.13}$$

となる．

2.2　平均情報量（エントロピー）

実は，ニュース (a)，(b) は，次の 2 つの確率事象系 A，B の中の一方の事象 a_1 と b_1 を取り出したものであった．

$$\begin{aligned} A &= \{a_1,\ a_2\} = \{\text{東京に雪が降る，東京に雪が降らない}\} \\ B &= \{b_1,\ b_2\} = \{\text{北極に雪が降る，北極に雪が降らない}\} \end{aligned} \tag{2.14}$$

これを，一般的に書くと

$$A = \{a_1, a_2, \cdots, a_n\} \tag{2.15}$$

あるいは，それに各々の事象が生起する確率を付記すると，**確率事象系**（事

象の集合）は

$$A = \begin{Bmatrix} a_1, & a_2, & \cdots, & a_n \\ P(a_1), & P(a_2), & \cdots, & P(a_n) \end{Bmatrix} \tag{2.16}$$

と表される．ここで，式 (2.16) において

$$0 \leq P(a_k) \leq 1 \quad (k = 1, \cdots, n) \tag{2.17}$$

$$\sum_{k=1}^{n} P(a_k) = 1 \tag{2.18}$$

が成り立つ．

Advance Note 2 3

式(2.16)〜(2.18) で表される確率事象系は，正確には排反な確率事象系と呼ばれる．a_k（$k = 1, \cdots, n$）が，互いに共通点をもたない排反事象である．

事象 a_k $(k = 1, \cdots, n)$ の自己情報量は，$i(a_k) = -\log P(a_k)$ $(k = 1, \cdots, n)$ と表される．この $i(a_k)$ は，各事象 a_k が実現したときに得られる自己情報量であるが，ここで実際にはどの事象が出現するかはわからないが，A の中の 1 つの事象が実現したときに得られるであろう情報量 $H(A)$ を式 (2.19) で表す．

$$H(A) = \sum_{k=1}^{n} i(a_k) P(a_k) \tag{2.19}$$

これは，個々の自己情報量に，その事象が生ずる確率をかけて平均値をとったものである．つまり事象系全体での 1 つの事象当たりの平均的情報量である．

ここで，式 (2.19) に

$$i(a_k) = -\log P(a_k) \tag{2.20}$$

を代入すると

$$H(A) = -\sum_{k=1}^{n} P(a_k) \log P(a_k) \tag{2.21}$$

この $H(A)$ を**平均情報量**（average information）と呼ぶ．この関数の概形

は第 3 章で扱う．式 (2.21) を次のように略記することがある．

$$H(A) = -\sum_{A} P(a) \log P(a) \tag{2.22}$$

この平均情報量の形は，熱力学等でのエントロピーと同じであり，情報理論においても**エントロピー**（entropy）と呼ばれる．

Note 2 4

宝くじでいえば，$i(a_k)$ は k 等賞の賞金であり，$H(A)$ は 1 枚買ったときの賞金の期待値である．実際は，1 枚 300 円で買っても，どれか 1 枚買ったときに期待される賞金は，集まったお金から必要経費や税金を差し引くため，たとえば 150 円などと 300 円よりは小さくなる．全部の宝くじを買い占めたら，大損となるわけである．

Advance Note 2 5

[平均情報量] = [エントロピー]

となる事実は，偶然に不確定性の尺度であるエントロピーが平均情報量と同じ形になったとも理解できるが，シャノンの平均情報量の定義が，私たちが万能で，対象のもっている不確定性を完全に情報として知り得る（完全な観測）という仮定のもとに成り立っていると考えれば，うなずける（詳しくは 7.4 節）．以下で簡単に説明する．一般には，対象 A の情報を観測 B によって受け取ると考えると

[A の情報]
= [A のもつ不確定性] − [観測 B を行った後の A のもつ不確定性] (2.23)

と表現できる．式(2.23) は，情報が不確定性の尺度であるエントロピーの減少量（言葉を変えれば，A に対する無知の度合いの減少量）で表せることを意味する．これは，シャノンの情報理論において，相互情報量 $I(A;B)$ と呼ばれるものである（3.5 節，7.4 節）．もし，ここで私たちが万能で，完全な観測が可能であるとすると，観測 B を実行した後には，対象 A のすべてを知ることになり，不確定性（無知の度合）は残らないので

[観測 B を行った後の A のもつ不確定性] $= 0$ (2.24)

となり，式(2.23) は

$$[A\text{の情報}] = [A\text{のもつ不確定性}] = [A\text{のエントロピー}] = H(A) \tag{2.25}$$

となる．前述のように，シャノンの情報量（平均情報量）が不確定性の尺度であるエントロピーと等しくなることがわかる．すなわち，観測という操作を通信路と考えれば，シャノンの平均情報量の仮定である完全な観測は，雑音のない通信路と等価であることがわかる（7.4 節，7.7.1 項）．

2 3 自己情報量と平均情報量の関係

自己情報量と平均情報量の違いを明確に把握するために，ニュース (a)，(b) について，その確率を次のように仮定して，各々 $i(a_k)$ $(k=1,2)$，$i(b_k)$ $(k=1,2)$，$H(A)$，$H(B)$ を計算してみよう．

$$A = \begin{Bmatrix} a_1, & a_2 \\ \dfrac{1}{64}, & \dfrac{63}{64} \end{Bmatrix}, \quad B = \begin{Bmatrix} b_1, & b_2 \\ \dfrac{1}{2}, & \dfrac{1}{2} \end{Bmatrix} \tag{2.26}$$

$$\left.\begin{aligned} i(a_1) &= -\log\frac{1}{64} = \log 64 = \log 2^6 = 6 \\ i(a_2) &= -\log\frac{63}{64} = \log 64 - \log 63 = 6 - 5.98 = 0.02 \\ H(A) &= 6 \times \frac{1}{64} + 0.02 \times \frac{63}{64} = 0.09 + 0.02 = 0.11 \end{aligned}\right\} \tag{2.27}$$

$$\left.\begin{aligned} i(b_1) &= -\log\frac{1}{2} = \log 2 = 1 \\ i(b_2) &= -\log\frac{1}{2} = \log 2 = 1 \\ H(B) &= 1 \times \frac{1}{2} + 1 \times \frac{1}{2} = 1 \end{aligned}\right\} \tag{2.28}$$

東京に雪が降るという確率的に小さい事象が起ったときに得られる自己情報量 $i(a_1)$ は，非常に大きく 6 であるが，それが生ずる確率は 1/64 と非常に小さいため，A の平均情報量 $H(A)$ は，非常に小さく 0.11 となる．すなわち，毎日は雪が降らないことが普通であり，雪が降らないと考えていても，一般的には何ら問題はないわけである．したがって，雪がほとんど降ることがない期間中に情報が得られたとしても，その間の平均情報量は非常に小さくなる．

一方，北極圏には雪が降ることは日常茶飯事であり，たとえば，その確率を 1/2 とすると，雪が降ったことを知ってもその自己情報量はさして大きくはなく 1 であるが，毎日雪が降るか降らないかの状態（不確定な状態）が継続するために，B の平均情報量は意外と大きく 1 となる．すなわち，毎日雪の降る確率は 1/2 で，降るか降らないか，予測がきわめて難しい．したがって，その不確定な期間中に情報が得られれば，その間の平均情報量は非常に大きいといえるのである．これらを図示すると，**図 2.5** となる．

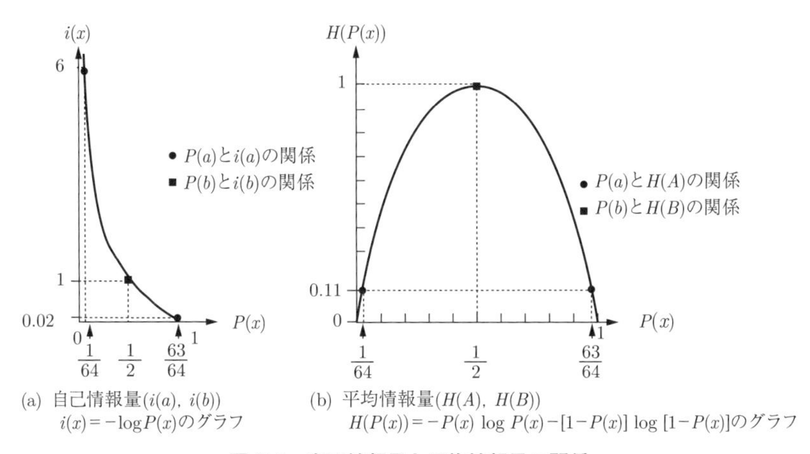

図 2.5　自己情報量と平均情報量の関係

この例でわかるように，自己情報量はどれか事象が 1 つ実現したときに得られる情報量であり，平均情報量は事象系全体の中で，実際はどれが実現するかわからないが，どれかが 1 つ起こったときに期待できる情報量である．すなわち，自己情報量は，単一の事象に対して定義され，平均情報量は，事象の集合である事象系全体に対して定義される．自己情報量は，**図 2.6** に示すように，起こりにくい事象（確率が小さい事象）ほど大きい値となる．一方，平均情報量は，事象数 $n=2$ の場合を**図 2.7** に示すように，不確定な事象系（確率分布が一様に近い事象系）ほど大きい値となる．これについては第 3 章において改めて説明する．

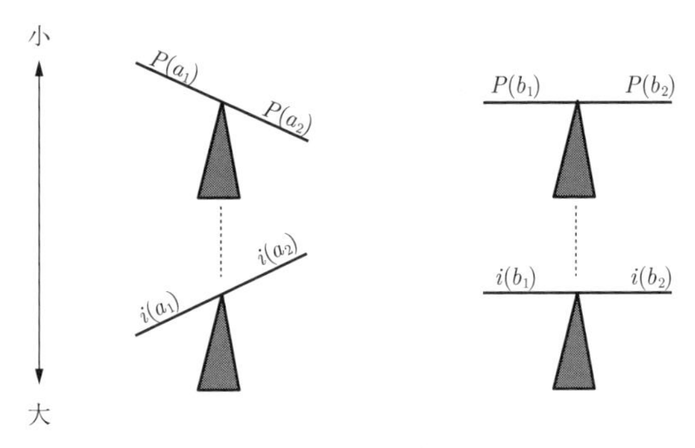

図 2.6　自己情報量

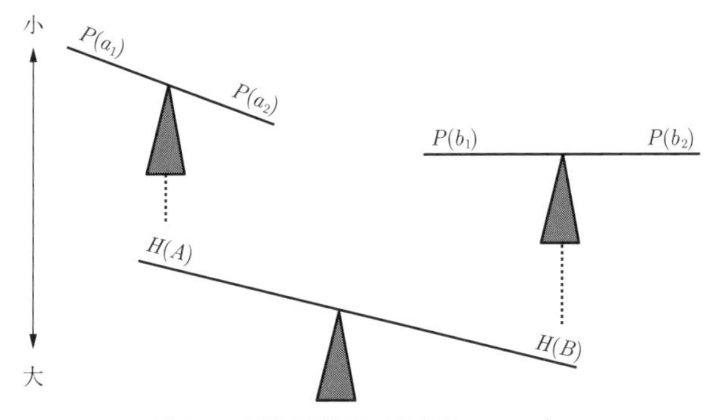

図 2.7　平均情報量（事象数 $n = 2$）

これまでの議論で，不確定な事象系ほど平均情報量が大きくなることがわかった．このことから，なぜ熱力学等では**不確定性**（あいまい性）の尺度であるエントロピーが，平均情報量と同じ形式となることが矛盾しないか，理解できたと思う．情報量と不確定性の尺度であるエントロピーの関係，そして，なぜエントロピーが情報量と呼ばれるのか，その説明は，他に2通りの理由付けが可能である．

- 不確定性 $H(A)$ をもつ情報源は，平均符号長 $H(A)$ ビットの符号で情報として利用できる（5.6節の情報源符号化定理による）．
- 観測による不確定性の減少量を情報量と定義する（通信路を扱う7.4節で相互情報量を用いて行う）．

各々の詳細は5.6節と7.4節において説明する．

演習問題

Challenge □□□□

2-1 ★ 確率事象系

$$A = \begin{Bmatrix} a_1, & a_2 \\ \dfrac{1}{3}, & \dfrac{2}{3} \end{Bmatrix}$$

に対する平均情報量（エントロピー）を求めなさい．

Challenge □□□□

2-2 ★ 確率事象系

$$A = \begin{Bmatrix} a_1, & a_2, & a_3, & a_4 \\ \dfrac{1}{2}, & \dfrac{1}{4}, & \dfrac{1}{8}, & \dfrac{1}{8} \end{Bmatrix}$$

に対する平均情報量（エントロピー）を求めなさい．

Challenge □□□□

2-3 ★ コインを振って，表が出るか裏が出るかのゲームをするとき，以下の問いに答えなさい．

(1)　この現象の確率事象系を構成しなさい．
(2)　コインの表が出ることの自己情報量を求めなさい．
(3)　1 回のトスに対する平均情報量（エントロピー）を求めなさい．

Challenge □□□□

2-4 ★★ 英語アルファベットは，a，b，c，⋯，z の 26 文字とスペースを合わせて 27 記号で構成される．ここで，近似的にすべての記号が，等確率で出現するとして，以下の問いに答えなさい．

(1)　1 記号当たりの自己情報量を求めなさい．
(2)　英文中の記号列がもつ平均情報量（エントロピー）を計算しなさい．
(3)　記号の出現確率が等確率でなく，かたよりをもつときの平均情報量は，(2) で求めた平均情報量と比較して大きいか小さいかを答えなさい．

Challenge □□□□

2-5 ★★★ ジョーカーを除く 52 枚のトランプについて，以下の問いに答えなさい．

(1) スペードであることを知ったときの情報量を求めなさい．

(2) エース（A）であることを知ったときの情報量を求めなさい．

(3) スペードのエース（A）であることを知ったときの情報量を求めなさい．

(4) (1)～(3) の結果を用いて，情報の加法性が成り立つことを示しなさい．

第3章

平均情報量（エントロピー）の性質

平均情報量（エントロピー）の性質を考察する．まず事象数 $n=2$ の場合のエントロピーの性質を詳細に検討し，次に任意の事象数の場合に，エントロピーがとる値の上下限を求める．条件付き平均情報量（条件付きエントロピー）を定義するとともに，種々のエントロピーの関係を与える．通信路において重要な役割をする相互情報量についても簡単に触れる．

Keywords　①平均情報量（エントロピー），②条件付き平均情報量（条件付きエントロピー），③相互情報量

3 1 エントロピー関数

平均情報量（エントロピー）がどのような特徴をもつか，式 (2.16) において，$n=2$ の場合を例にとって考えてみよう．

$$A=\begin{Bmatrix} a_1, & a_2 \\ P(a_1), & P(a_2) \end{Bmatrix}=\begin{Bmatrix} a_1, & a_2 \\ p, & 1-p \end{Bmatrix} \tag{3.1}$$

において，式 (2.21) で表される平均情報量（エントロピー）は，次のようになる．

$$\begin{aligned} H(A) &= -\sum_{k=1}^{2} P(a_k)\log P(a_k) \\ &= -p\log p-(1-p)\log(1-p) \end{aligned} \tag{3.2}$$

エントロピー（平均情報量）$H(A)$ は p だけの関数となるため，これを $H(p)$ と書いて**エントロピー関数**（entropy function）と呼ぶ．

$$H(p)=-p\log p-(1-p)\log(1-p) \tag{3.3}$$

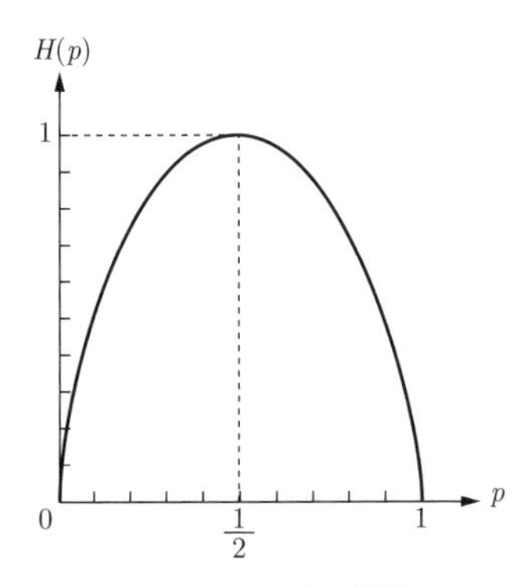

図 3.1　エントロピー関数 $H(p)$

式 (3.3) の $H(p)$ の概形を**図 3.1** に示す．

$H(p)$ は，$p = 0, 1$ で最小値 0，$p = 1/2$ で最大値 1 をとることがわかる．すなわち，生起することが明白な $p = 1$（a_1 が必ず起こる）と $p = 0$（a_2 が必ず起こる）の場合に，$H(p)$ は 0 ビット（最小値），$p = 1/2$（a_1, a_2 のどちらが起こるか不明）の場合に得られる平均情報量 $H(p)$ は，1 ビット（最大値）である．

3.2 エントロピーの性質

n 個の要素からなる確率事象系 A に対するエントロピー（平均情報量）

$$H(A) = -\sum_{k=1}^{n} P(a_k) \log P(a_k) \tag{3.4}$$

の性質を考える．まず，そのために次の補助定理を用意する．

補助定理 3.1（シャノンの補助定理）

2つの確率事象系

$$A = \begin{Bmatrix} a_1, \cdots, a_n \\ P_1, \cdots, P_n \end{Bmatrix}, \quad \sum_{k=1}^{n} P_k = 1 \tag{3.5}$$

$$B = \begin{Bmatrix} b_1, \cdots, b_n \\ Q_1, \cdots, Q_n \end{Bmatrix}, \quad \sum_{k=1}^{n} Q_k = 1 \tag{3.6}$$

に対して，次の関係が成り立つ．

$$-\sum_{k=1}^{n} P_k \log P_k \leq -\sum_{k=1}^{n} P_k \log Q_k \tag{3.7}$$

Advance Note 3 1

【補助定理 3.1】を証明する．

対数の底の変換公式 $\log_a b = \log_e b / \log_e a$ を用いて，$\log_e = \ln$ と書くと

$$\sum_{k=1}^{n} P_k \log \frac{Q_k}{P_k} = \frac{1}{\ln 2} \sum_{k=1}^{n} P_k \ln \frac{Q_k}{P_k} \tag{3.8}$$

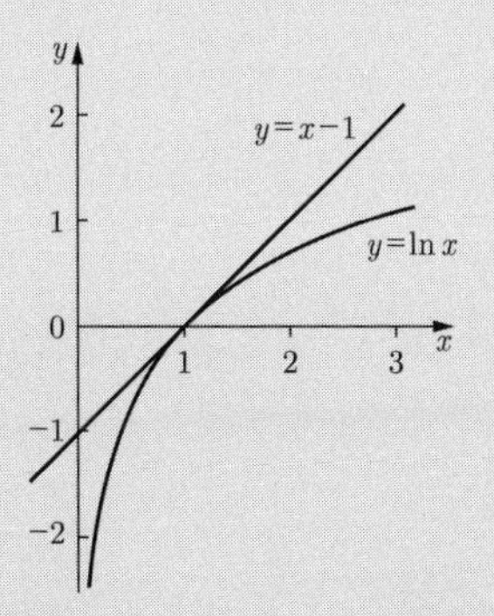

図 3.2　$\ln x \leq x - 1$ の関係

ここで，次の不等式(3.9) を用いる．式(3.9) は，**図 3.2** から成り立つことがわかる．

$$\ln x \leq x - 1 \quad （等号は，x = 1 のときに限る） \tag{3.9}$$

$$\sum_{k=1}^{n} P_k \log \frac{Q_k}{P_k} = \frac{1}{\ln 2} \sum_{k=1}^{n} P_k \ln \frac{Q_k}{P_k}$$

$$\le \frac{1}{\ln 2}\sum_{k=1}^{n} P_k\left(\frac{Q_k}{P_k}-1\right) = \frac{1}{\ln 2}\sum_{k=1}^{n}(Q_k - P_k)$$

$$= \frac{1}{\ln 2}\left(\underbrace{\sum_{k=1}^{n} Q_k}_{1} - \underbrace{\sum_{k=1}^{n} P_k}_{1}\right) = 0 \tag{3.10}$$

(∵ 式(3.9) において $x = Q_k/P_k$ とおくと，式(3.10) の不等式が成り立つ．)
したがって，

$$\sum_{k=1}^{n} P_k \log \frac{Q_k}{P_k} \le 0 \tag{3.11}$$

式(3.11) を変形することにより，

$$\sum_{k=1}^{n} P_k \log \frac{1}{P_k} \le \sum_{k=1}^{n} P_k \log \frac{1}{Q_k}$$

$$\therefore\quad -\sum_{k=1}^{n} P_k \log P_k \le -\sum_{k=1}^{n} P_k \log Q_k$$

性質 3.1

エントロピー $H(A)$ は次の関係を満足する．

$$0 \le H(A) \le \log n \tag{3.12}$$

ここで，左の等号は

$$\exists \ell \quad P(a_\ell) = 1,\quad \forall k\ (\ne \ell) \quad P(a_k) = 0 \quad \text{（生起する事象が自明の場合）} \tag{3.13}$$

右の等号は

$$\forall k \quad P(a_k) = \frac{1}{n} \quad \text{（等確率の場合）} \tag{3.14}$$

のときのみに成り立つ．

Note 3 2

∀は，「任意」の意味で，ANY の A を逆さに記述したものであり．∃は，「ある」の意味で，SOMEの E を逆さに記述したものである．万国共通の数学記号である．

証明

[左の不等号]

$0 \leq P(a_k) \leq 1$ より，自明である．

[右の不等式]

シャノンの補助定理【補助定理 3.1】において，$\forall k \quad Q_k = 1/n, P_k = P(a_k)$ とおくと

$$-\sum_{k=1}^{n} P(a_k) \log P(a_k) \leq -\sum_{k=1}^{n} P(a_k) \log \frac{1}{n} \tag{3.15}$$

となる．ここで

$$[(3.15)\ \text{の左辺}] = -\sum_{k=1}^{n} P(a_k) \log P(a_k) = H(A) \tag{3.16}$$

$$[(3.15)\ \text{の右辺}] = -\sum_{k=1}^{n} P(a_k) \log \frac{1}{n} = \log n \underbrace{\sum_{k=1}^{n} P(a_k)}_{1} = \log n \tag{3.17}$$

$$\therefore \quad H(A) \leq \log n \tag{3.18}$$

【性質 3.1】より，エントロピーは最大値 $\log n$ をもつことがわかる．また，$\forall k \quad P(a_k) = 1/n$ のときエントロピーは最大値をとる．すなわちどれが起こるかわからない，すべてが等確率の場合にそれから得られる平均情報量（エントロピー）は最大となる．3.1 節でのエントロピー関数（$n = 2$）において，$P = 1/2$ のとき最大値が 1 となったことと一致する．

3 3 条件付き平均情報量（条件付きエントロピー）

サイコロの目について考える．

$$A = \begin{Bmatrix} a_1, & a_2, & \cdots, & a_6 \\ P(a_1), & P(a_2), & \cdots, & P(a_6) \end{Bmatrix} = \begin{Bmatrix} 1, & 2, & 3, & 4, & 5, & 6 \\ \frac{1}{6}, & \frac{1}{6}, & \frac{1}{6}, & \frac{1}{6}, & \frac{1}{6}, & \frac{1}{6} \end{Bmatrix} \tag{3.19}$$

この場合の平均情報量 $H(A)$ は

$$H(A) = -\sum_{k=1}^{6} \frac{1}{6} \log \frac{1}{6} = \log 6 \approx 2.58 \text{ bit} \tag{3.20}$$

6 通りの目の出方があるが，その中のどれか 1 つが起こることから得られる平均情報量は，2.58 となる．

ここで，もしそのサイコロの目の結果について事前情報があり，たとえば出る目は偶数であることが知らされている場合は，得られる平均情報量はどのようになるのであろうか．すなわち

$$B = \begin{Bmatrix} b_1, & b_2 \\ P(b_1), & P(b_2) \end{Bmatrix} = \begin{Bmatrix} \text{偶数}, & \text{奇数} \\ \frac{1}{2}, & \frac{1}{2} \end{Bmatrix} \tag{3.21}$$

を考え，偶数か奇数かが事前にわかったときの平均情報量を考えてみたい．サイコロの目が b_1，すなわち偶数であるときの平均情報量は，その全事象の生起確率の和が

$$\sum_{k=1}^{6} P(a_k|\boldsymbol{b_1}) = 1 \tag{3.22}$$

であるので，式 (2.21) において，$P(a_k)$ の代わりに $P(a_k|\boldsymbol{b_1})$ を代入することで求められる．

$$H(A|\boldsymbol{b_1}) = -\sum_{k=1}^{6} P(a_k|\boldsymbol{b_1}) \log P(a_k|\boldsymbol{b_1}) \tag{3.23}$$

ここで

$$\begin{aligned} &P(1|\text{偶数}) = P(3|\text{偶数}) = P(5|\text{偶数}) = 0 \\ &P(2|\text{偶数}) = P(4|\text{偶数}) = P(6|\text{偶数}) = \frac{1}{3} \end{aligned} \tag{3.24}$$

を代入すると

$$H(A|b_1) = -\sum_{k=2,4,6} \frac{1}{3}\log\frac{1}{3} = \log 3 \approx 1.58 \tag{3.25}$$

同様に出る目が奇数であることが知らされている場合の $H(A|b_2) = \log 3$ も得られる．$H(A|b_1)$ と $H(A|b_2)$ に偶数あるいは奇数の起こる確率をかけて期待値をとると，出る目が偶数か奇数かの事前情報がある場合の A のエントロピー $H(A|B)$ が次のように求まる．

$$\begin{aligned} H(A|B) &= H(A|b_1)P(b_1) + H(A|b_2)P(b_2) \\ &= \frac{1}{2}\log 3 + \frac{1}{2}\log 3 = \log 3 \approx 1.58 \text{〔bit〕} \end{aligned} \tag{3.26}$$

$H(A)$ は 6 個の中の 1 つ，$H(A|B)$ は 3 個の中の 1 つが起こるときの情報量なので

$$H(A|B) \leq H(A) \tag{3.27}$$

と予想できるが，事実ここで計算したように

$$H(A|B) \approx 1.58 \leq H(A) \approx 2.58 \tag{3.28}$$

と予想の式 (3.27) が満足されている．

この $H(A|B)$ を，**条件付き平均情報量**（conditional average information）あるいは**条件付きエントロピー**（conditional entropy）と呼ぶ．

この例から，条件付き平均情報量（条件付きエントロピー）の意味は理解できたと思うが，一般の場合の定義は次のようである．2 つの確率事象系

$$A = \begin{Bmatrix} a_1, & a_2, & \cdots, & a_n \\ P(a_1), & P(a_2), & \cdots, & P(a_n) \end{Bmatrix}, \quad \sum_{k=1}^{n} P(a_k) = 1 \tag{3.29}$$

$$B = \begin{Bmatrix} b_1, & b_2, & \cdots, & b_m \\ P(b_1), & P(b_2), & \cdots, & P(b_m) \end{Bmatrix}, \quad \sum_{l=1}^{m} P(b_\ell) = 1 \tag{3.30}$$

に対して

$$H(A|B) = \sum_{\ell=1}^{m} H(A|b_\ell)P(b_\ell) \tag{3.31}$$

ここで

$$H(A|\boldsymbol{b}_\ell) = -\sum_{k=1}^{n} P(a_k|\boldsymbol{b}_\ell) \log P(a_k|\boldsymbol{b}_\ell) \tag{3.32}$$

したがって

$$\begin{aligned} H(A|B) &= -\sum_{k=1}^{n}\sum_{\ell=1}^{m} P(a_k|b_\ell)P(b_\ell) \log P(a_k|b_\ell) \\ &= -\sum_{k=1}^{n}\sum_{\ell=1}^{m} P(a_k,\ b_\ell) \log P(a_k|b_\ell) \end{aligned} \tag{3.33}$$

と定義される．

Note 3 3

$$H(A) = -\sum_{A} P(a) \log P(a)$$
$$H(A|B) = -\sum_{A}\sum_{B} P(a,b) \log P(a|b) \tag{3.34}$$

エントロピー $H(A)$ においては，log の外と中ともに同じ確率 $P(a)$ であったが，条件付きエントロピー $H(A|B)$ は log の外は結合確率，中は条件付き確率である点に注意を要する．式(3.32) に示したように，b_ℓ を固定した場合のエントロピー $H(A|b_\ell)$ においては，log の外，中ともに条件付き確率となる．しかし，その期待値をとるために，log の外は結合確率となる．

3 4 種々のエントロピーの関係

エントロピー（平均情報量）と条件付きエントロピー（条件付き平均情報量）はすでに定義したが，ここでは**結合エントロピー**（joint entropy）（結合平均情報量）を定義する．

$$H(A,\ B) = -\sum_{k=1}^{n}\sum_{\ell=1}^{m} P(a_k,\ b_\ell) \log P(a_k,\ b_\ell) \tag{3.35}$$

ここで

$$\sum_{k=1}^{n}\sum_{\ell=1}^{m} P(a_k,\ b_\ell) = 1 \tag{3.36}$$

Note 3 4

式(3.35)で表される結合エントロピー $H(A, B)$ は，式(3.36)からわかるように，$\sum_{k=1}^{n} P(a_k) = 1$ が成り立つ場合の，式(2.21)により表されるエントロピー $H(A)$ の 2 次元への拡張とみなすことができる.

$H(A)$，$H(B)$，$H(A|B)$，$H(B|A)$，$H(A, B)$ を，**図 3.3** のように図示する.

図 3.3 の（a）は，A の平均情報量（エントロピー）と B の平均情報量を模式的に表している．交差する部分は，A と B が共通にもつ平均情報量を表す．（b）は B をすでに知っているときの A についての情報である条件付き平均情報量 $H(A|B)$ を表している．すなわち A の情報の内，B についての情報を除いたものである斜線の部分で表される．（c）についても同様に，条件付き平均情報量 $H(B|A)$ を表す．（d）は，A と B を同時に知ったときの結合平均情報量 $H(A, B)$ を表す．A と B の情報で重複している部分は，一度のみカウントする.

図 3.3 のすべての図を統合すると**図 3.4** となる．これら $H(A)$，$H(A|B)$ などの相互関係は，厳密に計算すると求まるが，計算しなくても図 3.4 から，簡単に相互関係を知ることができる.

図 3.4 から次のような関係が読みとれる.

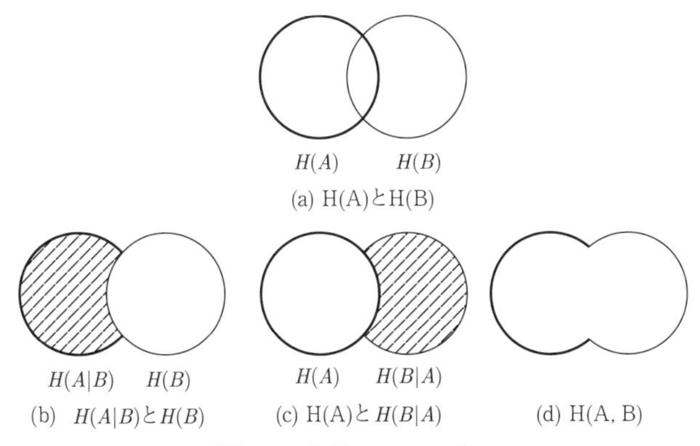

図 3.3 各種エントロピー

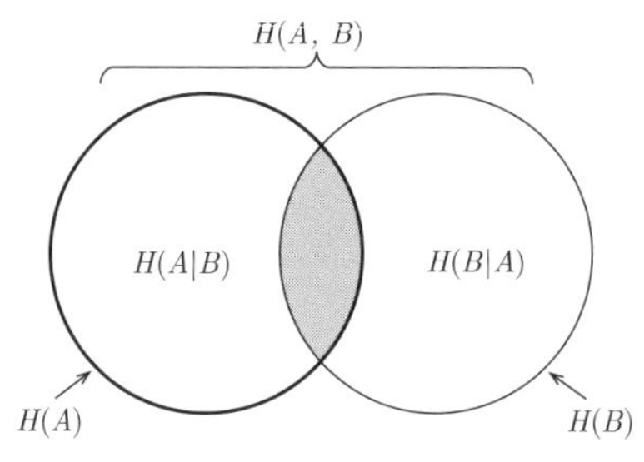

図 3.4　種々のエントロピーの相互関係

性質 3.2

種々のエントロピーの間には，次のような関係が成り立つ．

(1)　$H(A|B) \leq H(A), \quad H(B|A) \leq H(B)$　(3.37)

(2)　$H(A, B) = H(A) + H(B|A) = H(B) + H(A|B)$　(3.38)

(3)　$H(A) - H(A|B)$

$$= H(B) - H(B|A) \tag{3.39}$$

$$= H(A) + H(B) - H(A, B) \tag{3.40}$$

$$= H(A, B) - H(A|B) - H(B|A) \tag{3.41}$$

3-5 相互情報量

【性質 3.2】の（3）により表される図 3.4 の 2 つの円が交わるところは何を表しているかを考察する．ここを $I(A; B)$ とおくと，これは 4 通りの表し方があることがわかる．3.3 節のサイコロの実験について

$$I(A; B) = H(A) - H(A|B) \tag{3.42}$$

を計算する．

$$I(A; B) = 2.58 - 1.58 = 1.00 \text{ bit} \tag{3.43}$$

となる．

この値は，何を表すのだろうか．その答えは

$I(A;B) =$ { サイコロの目が 1 つ出ることにより得られる情報量 }

− { 偶数か奇数かが事前にわかっているとき，その出る目が何であるかがわかることで得られる情報量 }　(3.44)

である．すなわち

$I(A;B) =$ { 偶数か奇数かを知ることにより得られる情報量 }　(3.45)

すなわち，偶数か奇数かの事前情報を得たことにより，本来サイコロの目が 1 つ出ることにより得られる情報量 2.58 が，1.58 へ減少してしまったわけである．その差が 1.00 である．これは偶数と奇数が起こる確率は各々 1/2 なので，そのことを知ることによる情報量は，1 bit であることからもうなずける．ここで

$$I(A;B) = H(A) - H(A|B) \tag{3.46}$$

を，**相互情報量**（mutual information）と呼ぶ．相互情報量は，通信路においてその本来の重要な働きを果たすので，7.4 節(95 ページ)においてその詳細を説明する．

演習問題

Challenge □□□□

3-1 ★★

次のエントロピー関数 $H(p)$ について，以下の問いに答えなさい．

$$H(p) = -p \log p - (1-p) \log(1-p)$$

(1) $p = 1/3$ の場合の $H(p)$ の値を求めなさい．

(2) $H(p)$ が最大となる p の値を求めなさい．また，その最大値をも求めなさい．

Challenge □□□□

3-2 ★★★

サイコロを 1 回振るとき，サイコロの目が 5 以上であるかないかという事前情報がある場合について，以下の問いに答えなさい．

(1) サイコロを 1 回振る場合の出る目についての確率事象系 A を構成しなさい．

(2) サイコロの目が 5 以上となるか，ならないかについての確率事象系 B を構成しなさい．

(3) 確率事象系 A と B のエントロピー $H(A)$ と $H(B)$ を求めなさい．

(4) サイコロの目が 5 以上であることが，事前情報としてわかっている場合の A のエントロピーを求めなさい．

(5) 条件付きエントロピー $H(A|B)$ を求めなさい．また，これは何を意味するかを答えなさい．

(6) $H(A) - H(A|B)$ を求めなさい．この値の名称を示し，その意味を説明しなさい．

Challenge □□□□

3-3 ★★★★

確率事象系 A と B に対するそれぞれのエントロピー $H(A)$，$H(B)$ と，結合エントロピー $H(A, B)$ について，次の問いに答えなさい．

(1) $H(A)$，$H(B)$，$H(A, B)$ の間には，どのような大小関係が成り立つか答えなさい．

(2) (1) で求めた関係を，証明しなさい．

Challenge □□□□

3-4 ★★★★ ジョーカーを含む 54 枚のトランプについて，以下の問いに答えなさい．

(1) ジョーカーであることを知ったときの情報量を求めなさい．
(2) スペードであることを知ったときの情報量を求めなさい．
(3) エース（A）であることを知ったときの情報量を求めなさい．
(4) スペードのエース（A）であることを知ったときの情報量を求めなさい．
(5) 情報の加法性が成り立つかどうかを判定しなさい．
(6) (5) の判定理由を考察しなさい．

第4章

情 報 源

情報源の確率モデルを構築する．情報源は，出現記号間に従属性が存在するか，しないかにより，無記憶情報源（独立情報源）とマルコフ情報源に分類できる．理想的情報源としてマルコフ情報源の中の1クラスである正規マルコフ情報源を紹介し，その性質を考察する．あわせて，正規マルコフ情報源よりも少し広いクラスであるエルゴードマルコフ情報源についても言及する．

Keywords ①離散的情報源（ディジタル情報源），②無記憶情報源（独立情報源），③マルコフ情報源，④マルコフ連鎖（マルコフチェーン），⑤シャノン線図

4 1 情報源モデル

図1.2（3ページ）で示したシャノン・ファノの通信システムのモデルに記述されている**情報源**（information source）のモデルを考える．情報源は情報の発生する源であり，情報の連続性に着目すると次の2つに分類される．

- 離散的情報源（ディジタル情報源）
- 連続的情報源（アナログ情報源）

本書では，離散的情報源のみを対象として，議論する．

離散的情報源からは，記号列により構成された情報が発生し伝送される．記号列を構成する記号集合

$$S = \{s_1, s_2, \cdots, s_n\} \tag{4.1}$$

があり，その中の記号 s_k（$k = 1, \cdots, n$）が，**図 4.1** に示すように記号列をつくって出現する．ここで，s_k を**情報源記号**（symbol of information source），あるいは**情報源シンボル**，S を**情報源アルファベット**（alphabet of information

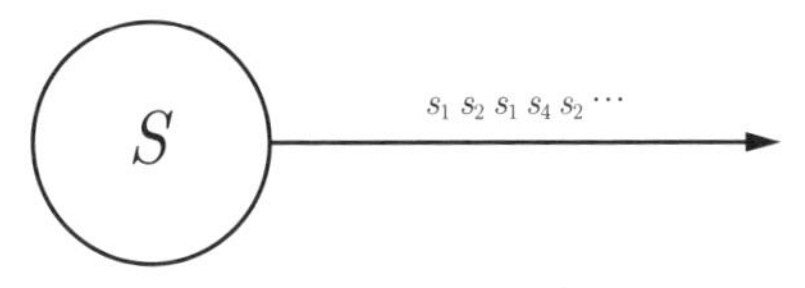

図 4.1　情報源モデル

source）と呼ぶ．

もし情報が英文で表現されているのであれば

$$S = \{\mathrm{a, b, c}, \cdots, \mathrm{z, space}\} \tag{4.2}$$

日本語であれば

$$S = \{\text{あ}, \text{い}, \cdots, \text{ん}\} \tag{4.3}$$

となる．

情報を表す記号列の中に，これらの記号がどのような割合で存在するかは，情報源アルファベット S のもつ確率的性質に依存する．情報源アルファベット S にその確率的性質を加えた確率事象系 S

$$S = \{s_1, \cdots, s_n\} + \text{確率的性質} \tag{4.4}$$

を**情報源モデル**（model of information source）とする．

Note 4 1

後述するが，この確率的性質が無記憶情報源の場合は，記号の発生確率であり，マルコフ情報源の場合は，記号の条件付き発生確率となる．

4 2 情報源の種類

情報源から発生する記号列中に含まれる各記号の割合は，その発生確率で表されるが，次に問題となるのは，それら発生する記号の相互の関係である．たとえば，今どの記号が発生するかが，その前にどの記号が発生したかに依存するか，しないかが問題となる．端的にいえば，情報源モデルの記述に，条件付き確率が必要かどうかである．すなわち

$$P(s_k|s_\ell) = P(s_k) \tag{4.5}$$

が成り立つかどうかに依存して，次のように分類される．

> **Note 4 2**
>
> ここでは，象徴的に条件付き発生確率を $P(s_k|s_\ell)$ と表しているが，一般には $P(s_k|s_{\ell_1}\cdots s_{\ell_n})$ と条件部分の記号は複数であってもよい．

- 記憶のない情報源（無記憶情報源，独立情報源）：$P(s_k|s_\ell) = P(s_k)$ の場合
- 記憶のある情報源（マルコフ情報源）：$P(s_k|s_\ell) \neq P(s_k)$ の場合

無記憶情報源（memoryless information source）は，現在何が起こるかが過去の履歴に依存しない情報源である．各時点において発生する記号の発生確率は，それ以前に発生した記号に依存しない．すなわち，発生する記号間に従属性がない場合（独立な場合）である．このモデルでは，条件付き確率は不必要となる．一番簡単なモデルであり**独立情報源**（independent information source）とも呼ばれる．

これに対して，記憶のある情報源は，**マルコフ情報源**（Markov information source）と呼ばれる．これは現在が過去の履歴と関係することを示すマルコフ（Markov）性をもつ情報源で，**マルコフ連鎖**（Markov chain）と呼ばれる確率過程により特徴付けられる．実際の英語の文章などは，t の後に h が出やすい，あるいは z の後に x は絶対に出ない（ただし，略語は除く）などのように記号間に従属性があり，無記憶情報源では表現できず，マルコフ情報源が必要となる．

4 3 無記憶情報源（独立情報源）モデル

無記憶情報源モデルは

情報源アルファベット：$S = \{s_1, \cdots, s_n\}$ (4.6)

発生確率：$P(s_k) \quad (k = 1, \cdots, n)$ (4.7)

すなわち，次の式 (4.8) のような確率事象系

$$S = \begin{Bmatrix} s_1, & \cdots, & s_n \\ P(s_1), & \cdots, & P(s_n) \end{Bmatrix} \tag{4.8}$$

で構成できる．

無記憶情報源（独立情報源）の記号当たりの**発生平均情報量**（**発生エントロピー**）は

$$H(S) = -\sum_{k=1}^{n} P(s_k) \log P(s_k) \quad \text{〔bit／情報源記号〕} \tag{4.9}$$

と表される．ここで，情報源からの記号の発生速度を

$$r^* \quad \text{〔個／単位時間〕} \tag{4.10}$$

とすると，単位時間当たりの発生平均情報量は

$$H^*(S) = r^* H(S) \quad \text{〔bit／単位時間〕} \tag{4.11}$$

と表される．

4 4 通報（メッセージ）

情報源から発生する記号系列を**通報**（message）と呼ぶ．すなわち，長さが n の通報は

$$\boldsymbol{x}_t^{(n)} = x_{t-(n-1)} x_{t-(n-2)} \cdots x_{t-1} x_t \tag{4.12}$$

と表される．ここで，x_t は，時刻 t での発生記号を表し，確率変数である．もし実際に時刻 t で s_k が発生したとすれば，実現値は $x_t = s_k$ となる．したがって，式 (4.12) で表される通報は，時刻 t からさかのぼって過去 n 個の記号から構成される記号列である．

Note 4 3

詳しい説明は割愛するが，時刻 t において，情報源記号 $S = \{s_1, \cdots, s_n\}$ の中のどれか 1 つが確率的性質に依存して出現する．したがって，その値を示す x_t は**確率変数** (random variable) となる．実際に出現する記号が**実現値** (realization) であり，それが s_k ならば $x_t = s_k$ と表す．

記号の発生した時刻が問題にならないときは，次のように略記する．

$$\boldsymbol{x}^{(n)} = x_1 x_2 \cdots x_{n-1} x_n \tag{4.13}$$

4 5 マルコフ情報源

マルコフ情報源の定義を，通報による条件付き発生確率で表すと，次のようになる．

$$\forall t,\ \forall n(\geq m)$$
$$P(x_t|\boldsymbol{x}_{t-1}^{(n)})\ [条件付き発生確率] = P(x_t|\boldsymbol{x}_{t-1}^{(m)}) \tag{4.14}$$

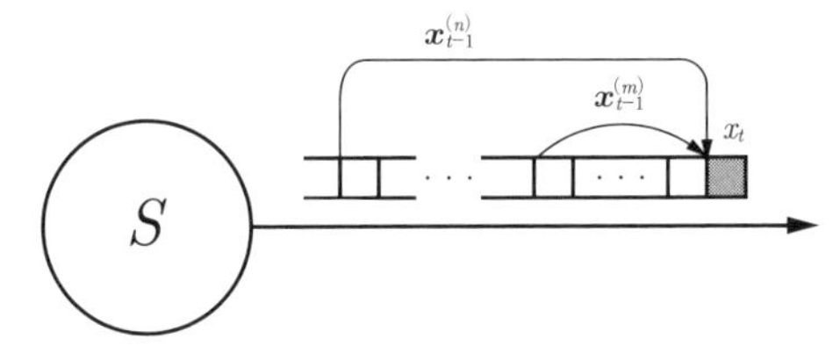

図 4.2　マルコフ情報源

式 (4.14) の左辺は，通報 $\boldsymbol{x}_{t-1}^{(n)}$ が発生した後，記号 x_t が発生する確率，すなわち，マルコフ情報源における条件付き発生確率を一般的に表す．式 (4.14) の意味は，**図 4.2** で示すように，マルコフ情報源の条件付き発生確率 $P(x_t|\boldsymbol{x}_{t-1}^{(n)})$ が，n より短い長さ m の通報が発生した後の記号 x_t の発生確率で表されることを示す．この場合を，**m 重マルコフ情報源**（m-th order Markov information source）という．$m = 1$ のときは，**単純マルコフ情報源**（simple Markov information source），あるいは簡単に**マルコフ情報源** (Markov information source) と呼ぶ．すなわち

$$\forall t,\ \forall n$$
$$P(x_t|\boldsymbol{x}_{t-1}^{(n)}) = P(x_t|x_{t-1}) \tag{4.15}$$

と表される．

マルコフ情報源は，情報源アルファベット S と条件付き発生確率により完全に規定される．

Note 4 4

$$P(x_t|\boldsymbol{x}_{t-1}^{(n)}) = P(x_t) \tag{4.16}$$

の場合は，前述の無記憶情報源を表す．

4 6 マルコフ連鎖（マルコフチェーン）

次節以降でマルコフ情報源のモデルを構築するために，ここで確率過程の 1 つである**マルコフ連鎖**（Markov chain）を簡単に紹介しよう．

マルコフ連鎖は，**マルコフチェーン**（Markov chain）とも呼ばれる．**状態**(state) q_k $(k = 1, \cdots, n)$，時刻 t での状態を表す確率変数 $x(t)$，時刻 t での**状態確率** (state probability) $u_k(t)$ $(k = 1, \cdots, n)$ **状態集合**（state set）Q，**状態確率ベクトル**（state probability vector）$\boldsymbol{u}$，**状態遷移確率行列**（state transition probability matrix）$\boldsymbol{P}$ により構成される．その遷移を図で表すと，たとえば**図 4.3** のようになり，**状態遷移図**（state transition diagram）と呼ばれる．

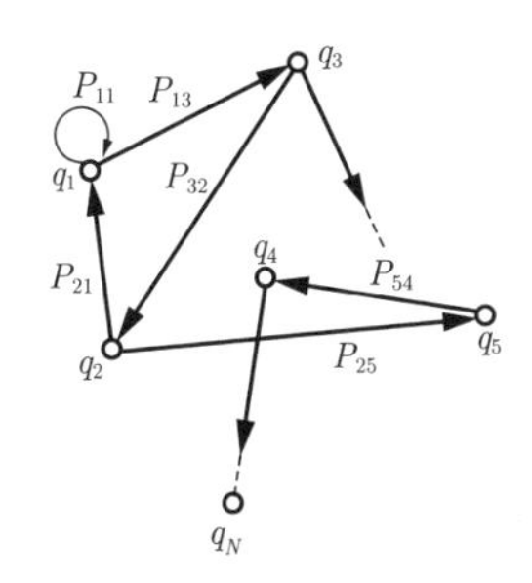

図 4.3　マルコフ連鎖の状態遷移図

$$\text{状態集合：}\quad Q = \{q_1, q_2, \cdots, q_N\} \tag{4.17}$$

$$\text{状態確率ベクトル：}\quad \boldsymbol{u}(t) = (u_1(t), u_2(t), \cdots, u_N(t)) \tag{4.18}$$

ここで

$$\begin{aligned} &0 \leq u_k(t) \leq 1 \quad (k = 1, \cdots, N), \quad \sum_{k=1}^{N} u_k(t) = 1 \\ &u_k(t) = P(x(t) = q_k) \end{aligned} \tag{4.19}$$

q_k は状態，$x(t)$ は時刻 t での状態を表す確率変数である．$u_k(t)$ は状態確率を表し，時刻 t で状態 q_k が実現する確率を示す．一般にベクトルの成分 $u_k(t)$ が，$0 \leq u_k(t) \leq 1$（$k=1,\cdots,N$），$\sum_{k=1}^{N} u_k(t) = 1$ を満足するとき，そのベクトルは**確率ベクトル**（probability vector）と呼ばれる．

$$
\text{状態遷移確率行列：}\boldsymbol{P} = \begin{array}{c} \\ q_1 \\ \vdots \\ q_k \\ \vdots \\ q_N \end{array} \begin{array}{c} \begin{array}{ccccc} q_1 & \cdots & q_\ell & \cdots & q_N \end{array} \\ \left[\begin{array}{ccccc} P_{11} & \cdots & \uparrow & \cdots & P_{1N} \\ \vdots & \ddots & \uparrow & \cdot & \cdot \\ \rightarrow & \rightarrow & P_{k\ell} & \cdot & \cdot \\ \vdots & \cdot & \cdot & \cdot & \cdot \\ P_{N1} & \cdot & \cdot & \cdot & P_{NN} \end{array} \right] \end{array} \tag{4.20}
$$

ここで

$$
\begin{aligned} & 0 \leq P_{k\ell} \leq 1 \quad (k,\ell = 1,\cdots,N), \quad \sum_{\ell=1}^{N} P_{k\ell} = 1 \quad (k=1,\cdots,N) \\ & P_{k\ell} = P(q_\ell | q_k) = P(q_k \to q_\ell) \end{aligned} \tag{4.21}
$$

$P_{k\ell}$ を**状態遷移確率**（state transition probability）と呼ぶ．$P_{k\ell}$ は，状態 k から状態 ℓ への遷移確率を示す．式 (4.21) のように，一般に行列の成分 $P_{k\ell}$ が条件 $0 \leq P_{k\ell} \leq 1$（$k,\ell=1,\cdots,N$），$\sum_{\ell=1}^{N} P_{k\ell} = 1$（$k=1,\cdots,N$）を満足するときに，その行列は**確率行列**（probability matrix）と呼ばれる．したがって，行列 $\boldsymbol{P}$ を**状態遷移確率行列**（state transition probability matrix），あるいは，簡単に**状態遷移行列**（state transition matrix）と呼ぶ．ただし，理解を容易にするために行列の左と上に状態名（$q_1, q_2, \cdots, q_N$）を入れたが，通常これは記述しない．

Note 4 5

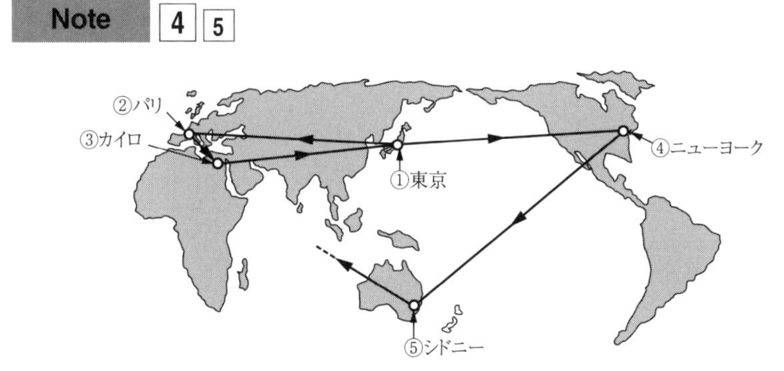

図 4.4 マルコフ連鎖の概念図

たくさんの都市（状態とする）$\{$1. 東京，2. パリ，3. カイロ，4. ニューヨーク，…$\}$があり，それらを 1 人で旅行することを考える．**図 4.4** において，ノードが都市（状態）を表し，ノード間の矢印付きの経路に従って都市を旅行していくとする．ただし，例えば都市 1（東京）にいるときに次にどこに行くかは，確率的に（すなわち状態遷移確率により）決まる．1 人で旅行しているので実現値としては，各時刻にはどこかの 1 都市には必ずいるわけである．どこにいることが多いかを示す確率を，状態確率ベクトルが表わす．旅行した都市の番号の系列が，マルコフ連鎖の実現値系列となる．例えば，図 4.4 の経路に従って

$$1,\ 2,\ 3,\ 1,\ 4, \cdots \tag{4.22}$$

などである．

初期時刻 0 において，例えば状態 q_1 にいたものが，時刻 t でどこにいる確率が高いかを知るには，どのようにすればよいかを考えてみよう．初期時刻において状態 q_1 にいることは

$$\boldsymbol{u}(0) = (1, 0, \cdots, 0) \tag{4.23}$$

で表される．

Note 4 6

もし，時刻 0 において，状態 q_1 と q_2 にいる確率が等しいときには

$$\boldsymbol{u}(0) = \left(\frac{1}{2}, \frac{1}{2}, 0, \cdots, 0\right) \tag{4.24}$$

と表せばよい.

時刻 t においてどの状態にいるかは，時刻 t の状態確率ベクトルが

$$\boldsymbol{u}(t) = (u_1(t), u_2(t), \cdots, u_N(t)) \tag{4.25}$$

で表されるので，$\boldsymbol{u}(0)$ と $\boldsymbol{u}(t)$ の関係を求めればよいこととなる．すなわち

$$\boldsymbol{u}(0) \xrightarrow{\boldsymbol{P}} \boldsymbol{u}(1) \xrightarrow{\boldsymbol{P}} \boldsymbol{u}(2) \xrightarrow{\boldsymbol{P}} \cdots \xrightarrow{\boldsymbol{P}} \boldsymbol{u}(t-1) \xrightarrow{\boldsymbol{P}} \boldsymbol{u}(t) \tag{4.26}$$

の時間的経過を考察すればよい.

$\boldsymbol{u}(t)$ と $\boldsymbol{u}(t-1)$ の関係を考えると

$$\boldsymbol{u}(t) = \boldsymbol{u}(t-1)\boldsymbol{P} \tag{4.27}$$

が求まる．この式を漸化させると

$$\boldsymbol{u}(t) = \underbrace{\boldsymbol{u}(t-1)}_{u(t-2)\boldsymbol{P}}\boldsymbol{P} = \underbrace{\boldsymbol{u}(t-2)}_{u(t-3)\boldsymbol{P}}\boldsymbol{P}^2 = \boldsymbol{u}(t-3)\boldsymbol{P}^3 = \cdots = \boldsymbol{u}(0)\boldsymbol{P}^t \tag{4.28}$$

となり

$$\boldsymbol{u}(t) = \boldsymbol{u}(0)\boldsymbol{P}^t \tag{4.29}$$

が求まる.

Note 4 7

$\boldsymbol{u}(t)$ と $\boldsymbol{u}(t-1)$ の関係は，**図 4.5** を用いると簡単に理解できる．$u_k(t)$ に注目する．

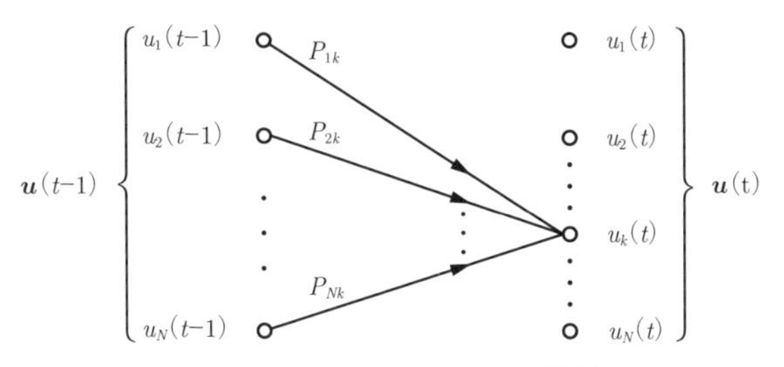

図 4.5　$\boldsymbol{u(t)}$ と $\boldsymbol{u(t-1)}$ の関係

$u_k(t)$，すなわち時刻 t で状態 k にきている経路をたどってみると，時刻 $t-1$ における状態 1 から状態 N までにたどり着く．しかし，各経路は各々状態遷移確率により重みがついており，その経路を通って時刻 t に状態 k へ到達する割合がそれにより規定される．ここで，例えば時刻 $t-1$ に状態 1 にいたとする．時刻 t に状態 k へ行く確率は P_{1k} である．ところが時刻 $t-1$ に状態 1 に必ずいるとは限らず，そこにいる確率は $u_1(t-1)$ であるため，図で示した状態 1 から状態 k への経路を通って時刻 t に状態 k へ到達する確率は

$$[\text{時刻 } t-1 \text{ に状態 } 1 \text{ にいる確率}] \times [\text{状態 } 1 \text{ から状態 } k \text{ へ遷移する確率}] \tag{4.30}$$

で表される．すなわち

$$u_1(t-1)P_{1k} \tag{4.31}$$

となる．時刻 t で状態 k へ至る経路は，この他に状態 $2, \cdots$, 状態 N までであるので，それらに対応する確率

$$u_2(t-1)P_{2k}, \cdots , u_N(t-1)P_{Nk} \tag{4.32}$$

を考え，総和をとれば，時刻 t に状態 k にいる確率 $u_k(t)$ が次式のように求まる．

$$u_k(t) = \sum_{\ell=1}^{N} u_\ell(t-1)P_{\ell k} \tag{4.33}$$

これをベクトル・行列表示すると

$$\boldsymbol{u}(t) = \boldsymbol{u}(t-1)\boldsymbol{P} \tag{4.34}$$

となる.
　蛇足ではあるが，式(4.34) は等比数列のベクトル版であり，差分方程式と呼ばれる.

式 (4.29) は，初期状態が与えられたとき，状態遷移行列の t 乗を求めれば，時刻 t の状態が求まることを意味する．すなわち，マルコフ連鎖においては

$$\boldsymbol{P}^t \tag{4.35}$$

が重要な役割を果たすことがわかる.

4 7 単純マルコフ情報源モデル

単純マルコフ情報源モデルは

$$\text{情報源アルファベット：} S = \{s_1, \cdots, s_n\} \tag{4.36}$$

$$\text{条件付き発生確率：} P(s_\ell | s_k) \quad (k, \ell = 1, \cdots, n) \tag{4.37}$$

(状態遷移確率)

で構成できる．条件付き発生確率は，$Q = S$ の場合の状態遷移行列

$$\mathbf{P} = \begin{array}{c} \\ s_1 \\ \vdots \\ s_k \\ \vdots \\ s_n \end{array} \begin{array}{c} \begin{array}{ccccc} s_1 & \cdots & s_\ell & \cdots & s_n \end{array} \\ \left[\begin{array}{ccccc} P_{11} & \cdots & \uparrow & \cdots & P_{1n} \\ \vdots & \ddots & \uparrow & \cdot^{\cdot^{\cdot}} & \vdots \\ \rightarrow & \rightarrow & P_{k\ell} & & \vdots \\ & \cdot^{\cdot^{\cdot}} & & \ddots & \vdots \\ P_{n1} & \cdots & \cdots & \cdots & P_{nn} \end{array} \right] \end{array} \tag{4.38}$$

ここで

$$0 \leq P_{k\ell} \leq 1 \quad (k, \ell = 1, \cdots, n), \quad \sum_{\ell=1}^{n} P_{k\ell} = 1 \ (k = 1, \cdots, n) \tag{4.39}$$

$$P_{kl} = P(s_\ell | s_k) = P(s_k \rightarrow s_\ell) \tag{4.40}$$

の成分と等しくなり，単純マルコフ情報源モデルは

$$\text{情報源アルファベット：} \quad S = \{s_1, \cdots, s_n\} \tag{4.41}$$

状態遷移行列：　$\mathbf{P}$　(4.42)

により構成できる．

Note 4 8

$Q=\{q_1,\cdots,q_n\}$，$S=\{s_1,\cdots,s_n\}$ なので，$Q=S$ とは $q_k=s_k$（$k=1,\cdots,n$）と考えればよい．

単純マルコフ情報源の**発生平均情報量**（**発生エントロピー**）は

$$H(S|S)=\sum_{\ell=1}^{n}H(S|s_\ell)P(s_\ell)$$
$$=-\sum_{k=1}^{n}\sum_{\ell=1}^{n}P(s_k,s_\ell)\log P(s_k|s_\ell)$$

[bit ／情報源記号]　(4.43)

となる．

Note 4 9

発生平均情報量（発生エントロピー）は，3.3 節で定義した条件付き平均情報量（条件付きエントロピー）である．

Advance Note 4 10

【m 重マルコフ情報源モデル】について述べる．

4.5 節で行った m 重マルコフ情報源の定義に従い，4.6 節で説明したマルコフ連鎖（マルコフチェーン）を用いてモデルを構成する．

情報源アルファベット：　$S=\{s_1,\cdots,s_n\}$　(4.44)

条件付き発生確率：　$P(s_\ell|q_k)\quad(k=1,\cdots,n^m,\ell=1,\cdots,n)$　(4.45)

ここで

状態：　$q_k\in Q=\{q_1,\cdots,q_{n^m}\}$　(4.46)

状態として m 個の情報源記号から構成される系列 $\boldsymbol{s}_k^{(m)}$ をとる．

状態集合：$Q=S^m=\{\boldsymbol{s}_1^{(m)},\cdots,\boldsymbol{s}_{n^m}^{(m)}\}$　(4.47)

$\forall k\quad \boldsymbol{s}_k^{(m)}=s_{k_1}\cdots s_{k_m},\quad \forall k,i\quad s_{k_i}\in S$　(4.48)

すなわち，$q_k = \boldsymbol{s}_k^{(m)}$ とする．したがって，条件付き発生確率式(4.45) は，最終的に

$$\forall k,\ \ell \quad P(s_\ell|\boldsymbol{s}_k^{(m)}) \tag{4.49}$$

と表される．

以上より，m 重マルコフ情報源モデルは

$$\text{情報源アルファベット：}\quad S = \{s_1, \cdots, s_n\} \tag{4.50}$$

$$\text{条件付き発生確率：}\quad P(s_\ell|\boldsymbol{s}_k^{(m)}) \quad (k = 1, \cdots, n^m, \ell = 1, \cdots, n) \tag{4.51}$$

ここで

$$\boldsymbol{s}_k^{(m)} \in S^m = \{\boldsymbol{s}_1^{(m)}, \cdots, \boldsymbol{s}_{n^m}^{(m)}\} \tag{4.52}$$

$$\forall k \quad \boldsymbol{s}_k^{(m)} = s_{k_1} \cdots s_{k_m}, \quad \forall k,\ i \quad s_{k_i} \in S \tag{4.53}$$

により，構成される．

式(4.20) で表される状態遷移行列を用いて，情報源記号系列間の状態遷移行列は，次のように表される．

$$\mathbf{P}(m) = \begin{array}{c} \\ \boldsymbol{s}_1^{(m)} \\ \vdots \\ \boldsymbol{s}_\ell^{(m)} \\ \vdots \\ \boldsymbol{s}_{n^m}^{(m)} \end{array} \begin{array}{c} \begin{array}{ccccc} \boldsymbol{s}_1^{(m)} & \cdots & \boldsymbol{s}_\ell^{(m)} & \cdots & \boldsymbol{s}_{n^m}^{(m)} \end{array} \\ \left[\begin{array}{ccccc} P_{11} & \cdots & \uparrow & \cdots & P_{1n^m} \\ \vdots & \ddots & \uparrow & \iddots & \vdots \\ \rightarrow & \rightarrow & P_{k\ell} & & \vdots \\ & \iddots & & \ddots & \vdots \\ P_{n^m 1} & \cdots & \cdots & \cdots & P_{n^m n^m} \end{array} \right] \end{array} \tag{4.54}$$

m 重マルコフ情報源の発生平均情報量（発生エントロピー）は

$$\begin{aligned} H(S|S^m) &= \sum_{\ell=1}^{n^m} H(S|\boldsymbol{s}_\ell^{(m)}) P(\boldsymbol{s}_\ell^{(m)}) \\ &= -\sum_{k=1}^{n} \sum_{\ell=1}^{n^m} P(s_k, \boldsymbol{s}_\ell^{(m)}) \log P(s_k|\boldsymbol{s}_\ell^{(m)}) \\ &\quad \text{[bit／情報源記号]} \end{aligned} \tag{4.55}$$

で表される．

ここで $m = 1$ とおき，$P(1) = P$ とすると，本節で前述した単純マルコフ情報源モデルとなる．

4.8 シャノン線図

簡単のために 2 元マルコフ情報源 $S = \{0, 1\}$ を考えてみよう．2 元マルコフ情報源においては，**図 4.6** のように，0 と 1 の系列が情報として発生する．マルコフ情報源であるから，今までの状態に依存して 0 が出るのか，あるいは 1 が出るのかが問題となる．すなわち，式 (4.37) から明らかなように，条件付き発生確率が必要である．

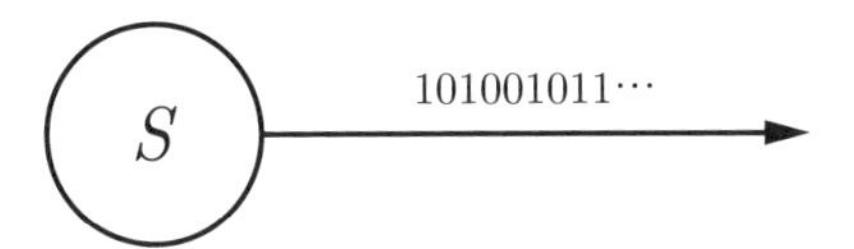

図 4.6 2 元マルコフ情報源 $S = \{0, 1\}$

> **Note** 4 11
>
> 情報源 $S=\{s_1, \cdots, s_n\}$ は，n 元情報源という．$n=2$ のとき，$S=\{s_1, s_2\}=\{0, 1\}$ は，2 元情報源という．

情報源アルファベット $S = \{0,1\}$ をもつ，単純マルコフ情報源モデル ($m = 1$) と 2 重マルコフ情報源モデル ($m = 2$) を具体的に構成してみよう．

まず，単純マルコフ情報源モデルを考える．状態集合 Q を S とする．すなわち，状態 1 を 0 ($q_1 = 0$)，状態 2 を 1 ($q_2 = 1$) とおく．

状態集合：$Q = S = \{0, 1\}$

に対して

$$\text{状態遷移確率：}\begin{array}{ll} P(0|0) = a, & P(1|0) = 1 - a \\ P(0|1) = 1 - b, & P(1|1) = b \end{array} \tag{4.56}$$

が与えられる．式 (4.56) を行列の形にまとめると

$$\text{状態遷移行列：}\ \boldsymbol{P} = \begin{bmatrix} a & 1-a \\ 1-b & b \end{bmatrix} \tag{4.57}$$

となる．このマルコフ連鎖の状態遷移図を描くと，**図 4.7** となる．

ノード内に状態を書き，経路上に遷移確率を書くこととする．図 4.7 は，図 4.3 で示したマルコフ連鎖の状態遷移図にあたるが，情報理論の情報源に対しては，**シャノン線図**（Shannon diagram）と呼ぶ．

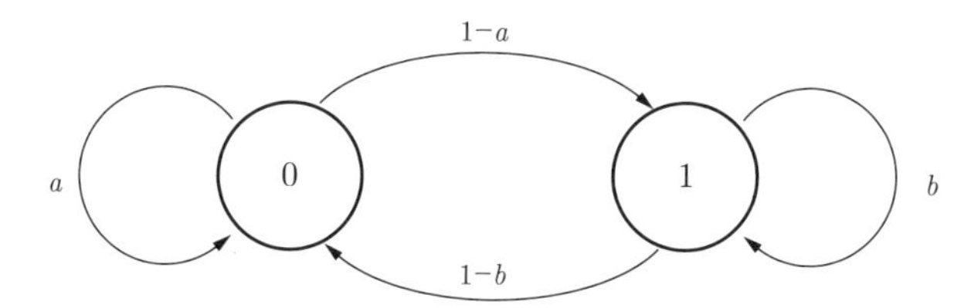

図 4.7　2 元単純マルコフ情報源のシャノン線図（$\boldsymbol{Q = S}$ の場合）

Advance Note 4 12

4.3 節においては，無記憶情報源を表すとき，情報源記号とその発生確率を用いて

$$S = \begin{Bmatrix} s_1, & s_2, & \cdots, & s_n \\ P(s_1), & P(s_2), & \cdots, & P(s_n) \end{Bmatrix}$$

のように表した．本節のマルコフ情報源については，条件付き発生確率，すなわち状態遷移行列 $\boldsymbol{P}$ が与えられ，発生確率 $\{P(s_k) : k = 1, \cdots, n\}$ は与えられていない点に注意を要する．情報源として意味のあるマルコフ情報源のモデルにおいては，定常分布という形において，状態遷移行列 $\boldsymbol{P}$ から，この発生確率は求まる．これについては，4.9 節，4.10 節において述べる．

次に，2 重マルコフ情報源を考える．状態として S の要素 0,1 の 2 個の記号から構成される系列 00, 01, 10, 11 を考える．すなわち

$$\text{状態集合：} Q = \{q_1, q_2, q_3, q_4\} = \{00, 01, 10, 11\} \tag{4.58}$$

として，情報源モデルを考えよう．

$$\text{情報源アルファベット：} S = \{0, 1\}$$

に対して

$$\text{状態集合：} Q = S^2 = \{00, 01, 10, 11\} \tag{4.59}$$

$$
\text{条件付き発生確率：}\left.\begin{array}{ll} P(0|00)=a, & P(1|00)=1-a \\ P(0|01)=b, & P(1|01)=1-b \\ P(0|10)=c, & P(1|10)=1-c \\ P(0|11)=d, & P(1|11)=1-d \end{array}\right\} \tag{4.60}
$$

Note 4 13

S^2 は，2 次拡大情報源と呼ばれる．詳しくは，5.5 節で説明する．

このシャノン線図を描くと，**図 4.8** となる．

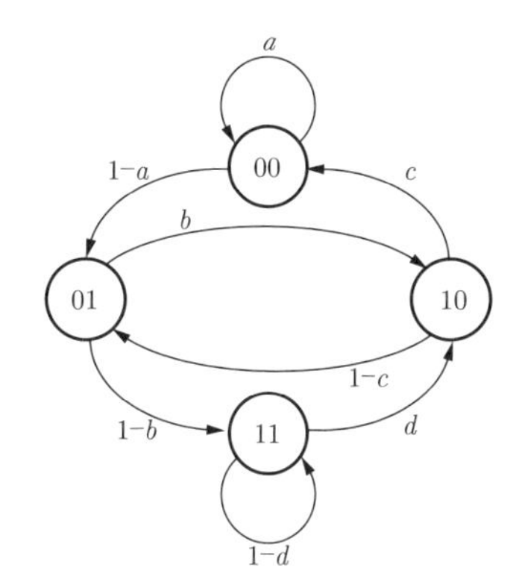

図 4.8　2 元 2 重マルコフ情報源のシャノン線図（$Q = S^2$ の場合）

図 4.8 を描くには，式 (4.60) で表される条件付き発生確率から，状態遷移確率を求める必要がある．ここで考えるとき，**図 4.9** のように通報（記号系列）の左から右への時間の流れを意識する必要がある（もちろん，逆の右から左でも良いが，通常は左から右と考える）．まず，01 は状態 q_2 であり，次に 0 が生

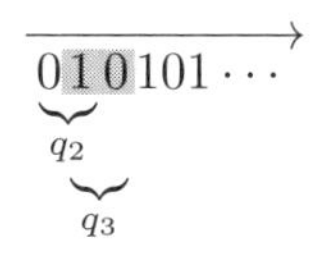

図 4.9　2 重マルコフ情報源からの通報

じて 10 となり，これは状態 q_3 である．常に 2 個の記号を 1 組と考える．これにより，式 (4.54) において $m=2$ とおき，状態遷移行列が次のように求まる．

$$\boldsymbol{P}(2)=\begin{bmatrix} a & 1-a & 0 & 0 \\ 0 & 0 & b & 1-b \\ c & 1-c & 0 & 0 \\ 0 & 0 & d & 1-d \end{bmatrix} \tag{4.61}$$

4 9* 正規マルコフ情報源

本節の議論は，一般のマルコフ情報源に対して成り立つが，簡単のために本節では，単純マルコフ情報源を対象として説明する．すなわち，情報源アルファベット S と，以下に定義する状態遷移行列により，モデル化できる単純マルコフ情報源を対象とする．情報源アルファベットは

$$S=\{s_1,\cdots,s_n\} \tag{4.62}$$

とする．単純マルコフ情報源は，その状態集合 Q を情報源アルファベット S として

$$\text{状態集合}：Q=S=\{s_1,\cdots,s_n\} \tag{4.63}$$

$$\text{状態遷移行列}：\boldsymbol{P}=\begin{matrix} \\ s_1 \\ \vdots \\ s_k \\ \vdots \\ s_n \end{matrix}\begin{matrix} s_1 & \cdots & s_\ell & \cdots & s_n \\ \left[\begin{matrix} P_{11} \\ \vdots \\ \rightarrow \\ \vdots \\ P_{n1} \end{matrix}\right. & \begin{matrix} \cdots \\ \ddots \\ \rightarrow \\ \cdot \\ \cdot \end{matrix} & \begin{matrix} \uparrow \\ \uparrow \\ P_{k\ell} \\ \cdot \\ \cdot \end{matrix} & \begin{matrix} \cdots \\ \cdot \\ \cdot \\ \cdot \\ \cdot \end{matrix} & \left.\begin{matrix} P_{1n} \\ \cdot \\ \cdot \\ \cdot \\ P_{nn} \end{matrix}\right] \end{matrix} \tag{4.64}$$

から構成される．**図 4.10** に示すように $P_{k\ell}$ は，情報源記号 s_k の次に情報源記号 s_ℓ が発生する確率を表す．

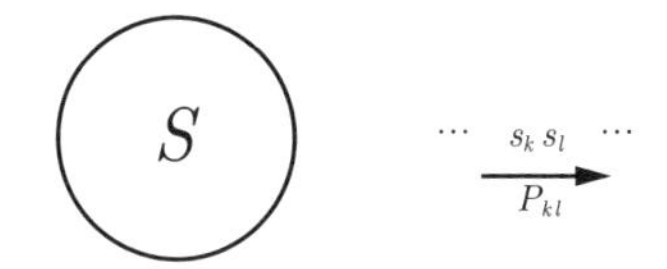

図 4.10 マルコフ情報源モデルの 1 ステップの遷移

Advance Note 4 14

前述したとおり，理解を容易にするために単純マルコフ情報源を扱っているが，以下の議論は，4.7 節の一般の m 重マルコフ情報源の状態遷移行列式(4.54)に対しても同様に成り立つ．

4.6 節の式 (4.35) の $\boldsymbol{P}^t$ は式 (4.64) の t 乗であり，各々の成分を次のようにおく．

$$\boldsymbol{P}^t = \begin{bmatrix} P_{11}^{(t)} & \cdots & P_{1n}^{(t)} \\ \vdots & \ddots & \vdots \\ P_{n1}^{(t)} & \cdots & P_{nn}^{(t)} \end{bmatrix} \tag{4.65}$$

Note 4 15

$P_{k\ell}^{(t)}$ は，$\boldsymbol{P}^t$ の (k, ℓ) 成分を示しており，$P_{k\ell}$ の t 乗ではない点に注意を要する．

式 (4.65) の意味は現在出現している情報源記号に対して，t ステップ後にどの情報源記号が発生する可能性が高いか，その確率を示している．時刻 0 で s_k が発生したときに，t ステップ後，時刻 t で s_ℓ が発生する確率は，$P_{k\ell}^{(t)}$ である．

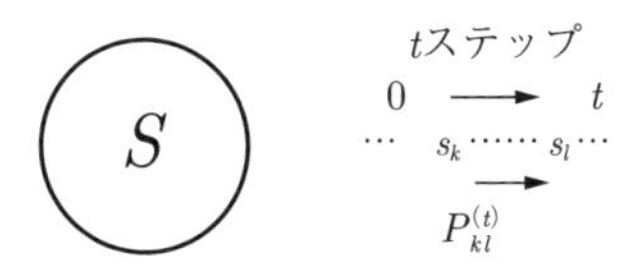

図 4.11 マルコフ情報源モデルの t ステップの遷移

ここで，理想的情報源モデルの満足すべき条件を列挙する．

[条件 1] すべての記号が万遍なく発生する．

[条件 2] 周期性をもたない．

[条件 3] 初期状態によらない．

などが期待される．

これらの条件を満足する情報源として，次のようなマルコフ情報源のクラスが考えられる．

前述の理想的情報源が満足すべき [条件 1]～[条件 3] を満たすマルコフ情報源のクラスを定義する．

定義 4.1

$$\forall k, \ell,\ \exists_t\ P_{k\ell}^{(t)} > 0 \iff \text{正規（正則）マルコフ情報源} \tag{4.66}$$

(regular Markov information source)

Note 4 16

【定義 4.1】は，次のように読む．任意の k と ℓ に対して，$P_{k\ell}^{(t)} > 0$ となるある t が存在するマルコフ情報源は，正規（正則）マルコフ情報源と呼ばれる．

正規マルコフ情報源の定義，式 (4.66) は，あるステップ t において，$\boldsymbol{P}^t$ のすべての成分がゼロでなくなることを意味する．あるステップ t において一度すべてが正となれば，P の成分は非負（0 か正の数）なので，その後は常にすべての成分は正となる．初期値は何であろうと，t ステップ後にはどの情報源記号も出現する確率をもつことを意味する．すなわち，すべての情報源記号が万遍なく出現する．

実際に $\boldsymbol{P}$ が与えられたとき，簡単に正規マルコフ情報源であることを示すには，実際に $\boldsymbol{P}^2, \boldsymbol{P}^3, \cdots$, を計算して，どこかで，すべての成分が 0 でない，すなわち正となることを確認すればよい．具体的には，次の【例 4.1】のように正成分を，たとえば x として，x と 0 の行列を構成し，それを 2 乗した後，また正成分を x として，x と 0 の行列に書き換える．それに $\boldsymbol{P}$ を掛け 3 乗する．これを繰り返せば，簡単に累乗が計算できる．

例 4.1

$$\boldsymbol{P} = \begin{bmatrix} 0.2 & 0 & 0.8 \\ 0.5 & 0.5 & 0 \\ 0 & 0.9 & 0.1 \end{bmatrix} \quad \Rightarrow \quad \boldsymbol{P} = \begin{bmatrix} x & 0 & x \\ x & x & 0 \\ 0 & x & x \end{bmatrix} \tag{4.67}$$

$$\begin{aligned} \boldsymbol{P}^2 &= \begin{bmatrix} x & 0 & x \\ x & x & 0 \\ 0 & x & x \end{bmatrix} \begin{bmatrix} x & 0 & x \\ x & x & 0 \\ 0 & x & x \end{bmatrix} \\ &= \begin{bmatrix} x^2 & x^2 & 2x^2 \\ 2x^2 & x^2 & x^2 \\ x^2 & 2x^2 & x^2 \end{bmatrix} \quad \Rightarrow \quad \boldsymbol{P}^2 = \begin{bmatrix} x & x & x \\ x & x & x \\ x & x & x \end{bmatrix} \end{aligned} \tag{4.68}$$

次に，証明は割愛するが，正規マルコフ情報源の性質を示す．

性質 4.1

正規マルコフ情報源は，次の性質をもつ．ここで，$\boldsymbol{P}$ は状態遷移行列である．

(i) $\displaystyle\lim_{t\to\infty} \boldsymbol{P}^t = \boldsymbol{A}$ (4.69)

(ii) $\boldsymbol{A} = \boldsymbol{\theta}\boldsymbol{w}$ (4.70)

ここで，$\boldsymbol{\theta} = (1, 1, \cdots, 1, 1)^T$，$w = (w_1, w_2, \cdots, w_n)$ は確率ベクトルである．

(iii) $\forall k \ w_k > 0$ (4.71)

(iv) $\exists_1 \boldsymbol{z} \qquad \boldsymbol{z} = \boldsymbol{z}\boldsymbol{P},\ \boldsymbol{z} = \boldsymbol{w}$ (4.72)

ここで，$\boldsymbol{z} = (z_1, z_2, \cdots, z_n)$ は確率ベクトルである．

Note 4 17

$\boldsymbol{w} = (w_1, w_2, \cdots, w_n)$ が確率ベクトルとは，成分 w_k $(k = 1, \cdots, n)$ が確率を表す．すなわち，$0 \leq w_k \leq 1$ $(k = 1, \cdots, n)$，$\sum_{k=1}^{n} w_k = 1$ を意味する．$\boldsymbol{z} = (z_1,\ z_2, \cdots, z_n)$ についても同様である．

また，$\theta = (1, 1, \cdots, 1, 1)^T$ の "T" は転置を表す．すなわち，行ベクトルは列ベクトルとなる．

Note 4 18

(iv) における $\exists_1$ の意味は，〈ノート 3.2〉(23 ページ) で説明した $\exists$（ある）の場合で，存在するのがただ 1 つであることを示す．すなわち，「$\exists_1 \boldsymbol{z} \quad \boldsymbol{z} = \boldsymbol{z}\boldsymbol{P}$」とは「$\boldsymbol{z} = \boldsymbol{z}\boldsymbol{P}$ を満足する $\boldsymbol{z}$ がただ 1 つ存在し」と読む．

【性質 4.1】の意味は，次のようである．

(i) $\boldsymbol{P}^t$ は，t を大きくし無限大にもっていくと，行列 $\boldsymbol{A}$ に収束する．

(ii)

$$\boldsymbol{A} = \boldsymbol{\theta}\boldsymbol{w} = \begin{bmatrix} 1 \\ \vdots \\ 1 \end{bmatrix} (w_1, \cdots, w_n) = \begin{bmatrix} w_1 & \cdots & w_n \\ w_1 & \cdots & w_n \\ \vdots & & \vdots \\ w_1 & \cdots & w_n \end{bmatrix} = \begin{bmatrix} \boldsymbol{w} \\ \boldsymbol{w} \\ \vdots \\ \boldsymbol{w} \end{bmatrix} \tag{4.73}$$

となるので，収束値行列 $\boldsymbol{A}$ の各行は同じ確率ベクトル $\boldsymbol{w}$ となる．ここで $\boldsymbol{w}$ は，確率ベクトルなので

$$\forall k \quad w_k \geq 0, \quad \sum_{k=1}^{n} w_k = 1 \tag{4.74}$$

が成り立つ．

(iii) $\boldsymbol{w}$ の成分 w_k $(k = 1, \cdots, n)$ は，常に正である．0 となることはない．すなわち，すべての情報源記号が出現することを示す．

(iv) 情報源の**定常分布**（stationary distribution）$\boldsymbol{z}$ はただ 1 つ存在し，**極限分布**（limit distribution）$\boldsymbol{w}$ と一致する．

Advance Note 4 19

(iv) において，$z = zP$ となる確率ベクトルが定常分布と呼ばれる理由は，次のようである．式(4.34) の $u(t) = u(t-1)P$ において，時間とともに変動がない状態，すなわち $u(t) = u(t-1) = z$ を考える．これが定常状態であり，この場合の変数 $u(t)$ は確率ベクトルであるから，定常分布と呼ばれる．

$u(t) = u(t-1)P$ などの差分方程式の定常状態 z は，微分方程式 $dx/dt = f(x)$ の場合の時間変動のない場合 $dx/dt = 0$，すなわち $f(x^*) = 0$ となる状態 x^* に対応する．これら時間変動のない定常状態を，分野により平衡点，不動点，固定点，均衡点などとも呼ぶ．

正規マルコフ情報源の特徴を知るために，時間が経過した後，どのような情報源記号が出現するかを知りたい．それを表すのが極限分布 $w = (w_1, w_2, \cdots, w_n)$ である．正規マルコフ情報源の場合，w は，(ii) からわかるように，(i) の P^t の極限行列 A の行を構成するため，極限分布と呼ばれる．すなわち

$$u(t) = u(0)P^t \tag{4.75}$$

の関係から，極限状態での状態確率ベクトル $u(\infty)$（極限状態での情報源記号の発生確率，$P(s_1), P(s_2), \cdots, P(s_n)$）が次のように求められる．

$$u(\infty) = \lim_{t\to\infty} u(t) = \lim_{t\to\infty} u(0)P^t = u(0) \lim_{t\to\infty} P^t = u(0)A = w \tag{4.76}$$

ここで，(iii) から w の成分はすべて正の値をもつ．すなわち，すべての情報源記号が出現する．また式 (4.72) から明らかなようにその値は，初期値によらない．出現記号の依存関係についても，A の成分はすべて正なので，どの記号の後にも，すべての記号が出現する可能性をもつ．以上より，すべての記号が初期値に依存せず，万遍なく出現し，周期性をもたず，理想的情報源モデルの満足すべき [条件 1]～[条件 3] を満たすことがわかる．

実際に極限分布 w を求めることが困難であっても，実はそれを簡単に求める方法があることを示しているのが，(iv) である．すなわち，正規マルコフ情報源では

$$[\text{定常分布 } z] = [\text{極限分布 } w] \tag{4.77}$$

が成り立つので，定常分布 z を求めることにより，極限分布 w を間接的に求

めることができる．制約条件

$$\forall k \quad z_k \geq 0, \quad \sum_{k=1}^{n} z_k = 1 \tag{4.78}$$

のもとで

$$\boldsymbol{z} = \boldsymbol{z}\boldsymbol{P} \tag{4.79}$$

すなわち

$$(z_1, z_2, \cdots, z_n) = (z_1, z_2, \cdots, z_n) \begin{bmatrix} P_{11} & \cdots & P_{1n} \\ \vdots & \ddots & \vdots \\ P_{n1} & \cdots & P_{nn} \end{bmatrix} \tag{4.80}$$

を解く．式 (4.80) は $z_1, z_2, \cdots, z_n$ の n 個の連立 1 次方程式となる．しかし，これは従属の式を含むため解が一意に求まらない．ここで制約条件 $\sum_{k=1}^{n} z_k = 1$ を，連立方程式の中に組み入れることにより，解 $\boldsymbol{z} = (z_1, z_2, \cdots, z_n)$ が求まる．

例 4.2　状態遷移行列 $\boldsymbol{P}$ が次のように与えられたときの定常分布 $\boldsymbol{z}$ を求める．

$$\boldsymbol{P} = \begin{bmatrix} \frac{1}{3} & \frac{2}{3} \\ \frac{1}{2} & \frac{1}{2} \end{bmatrix} \tag{4.81}$$

この場合，$\boldsymbol{z}$ は 2 次元ベクトルで，$\boldsymbol{z} = (z_1, z_2)$ である．式 (4.80) から

$$(z_1, z_2) = (z_1, z_2) \begin{bmatrix} \frac{1}{3} & \frac{2}{3} \\ \frac{1}{2} & \frac{1}{2} \end{bmatrix} \tag{4.82}$$

と表され，次の連立 1 次方程式が求まる．

$$\begin{cases} z_1 = \frac{1}{3} z_1 + \frac{1}{2} z_2 & (4.83) \\ z_2 = \frac{2}{3} z_1 + \frac{1}{2} z_2 & (4.84) \end{cases}$$

式 (4.83)，(4.84) からは，同じ式

$$4z_1 = 3z_2 \tag{4.85}$$

が求まる．ここで，制約条件 $z_1 + z_2 = 1$ を加味して，次の連立方程式

$$\begin{cases} 4z_1 = 3z_2 & (4.86) \\ z_1 + z_2 = 1 & (4.87) \end{cases}$$

から

$$\begin{cases} z_1 = \dfrac{3}{7} & (4.88) \\ z_2 = \dfrac{4}{7} & (4.89) \end{cases}$$

$$\therefore \boldsymbol{z} = (z_1, z_2) = \left(\frac{3}{7}, \frac{4}{7}\right) \tag{4.90}$$

すなわち，情報源アルファベット $S = \{0, 1\}$ とすると，その定常状態における発生確率 $P(0)$，$P(1)$ が次のようになる．

$$P(0) = \frac{3}{7}, \quad P(1) = \frac{4}{7} \tag{4.91}$$

Advance Note 4 20

【例 4.2】の定常確率分布をもつ無記憶情報源 $\bar{S}$

$$\bar{S} = \begin{Bmatrix} 0, & 1 \\ \dfrac{3}{7}, & \dfrac{4}{7} \end{Bmatrix} \tag{4.92}$$

を，元のマルコフ情報源 S の**随伴情報源**（adjoint information source）と呼ぶ．すなわち，随伴情報源 $\bar{S}$ は，マルコフ情報源 S から条件付き発生確率による制約を取り去ったものである．マルコフ情報源 S とその随伴情報源 $\bar{S}$ の発生平均情報量（発生エントロピー）の間には

$$H(S|S) \leq H(\bar{S}) \tag{4.93}$$

の関係がある．当然のことながら，制約を取り除いた分だけ随伴情報源のエントロピーは増大する．

4.10* エルゴードマルコフ情報源

理想的な情報源として，4.9 節で正規マルコフ情報源を取り上げたが，ここでは少し条件を緩くして，少し広い範囲の情報源のクラスを考えてみよう．

定義 4.2

$$\forall k, \ell, \exists t_{k\ell} \quad P_{k\ell}^{(t_{k\ell})} > 0 \iff \textbf{エルゴードマルコフ情報源}$$

(ergodic Markov information source)

(4.94)

【定義 4.1】と【定義 4.2】の違いをみると，t が $t_{k\ell}$ に変わっている．この意味の違いは，【定義 4.1】においては，k，ℓ にかかわらず，あるステップですべての成分が正になる必要があったが，【定義 4.2】すなわち，エルゴードマルコフ情報源では，正になるステップ数が，k，ℓ に依存してもよい，すなわち状態対によって正になるステップ数が違ってもよい．しかし最終的にはすべての成分が同時でなくても正となる必要がある．

以上から明らかなように，**図 4.12** のように，エルゴードマルコフ情報源は，正規マルコフ情報源を包含する関係にある．

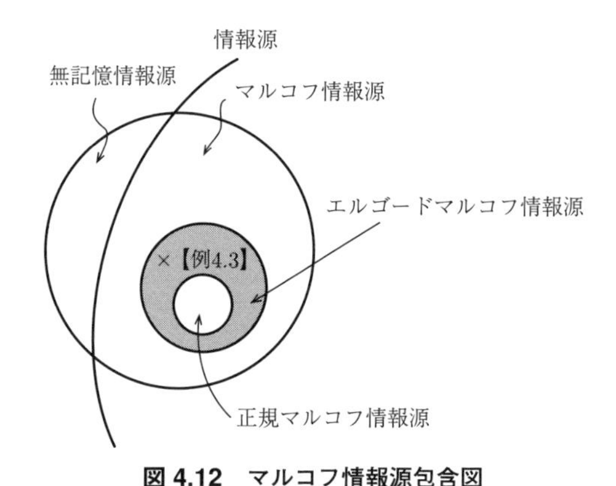

図 4.12　マルコフ情報源包含図

例 4.3　次の状態遷移行列をもつマルコフ情報源 $S = \{0, 1\}$ を考える．

$$\boldsymbol{P} = \begin{bmatrix} 0 & 1 \\ 1 & 0 \end{bmatrix} \tag{4.95}$$

$\boldsymbol{P}^t$ は

$$\boldsymbol{P}^t = \begin{cases} \begin{bmatrix} 1 & 0 \\ 0 & 1 \end{bmatrix} & (t = \text{偶数}) \\ \begin{bmatrix} 0 & 1 \\ 1 & 0 \end{bmatrix} & (t = \text{奇数}) \end{cases} \tag{4.96}$$

となり，$P_{k\ell}$ は偶数ステップか奇数ステップのどちらかで正となるため，【定義 4.2】を満足し，エルゴードマルコフ情報源である．しかしながら，すべての成分 $P_{k\ell}$ が同時に正となるステップはないので，【定義 4.1】は満足せず，正規マルコフ情報源ではない．したがって，図 4.12 において，× の位置に対応するマルコフ情報源である．

正規マルコフ情報源の性質である【性質 4.1】に対応するエルゴードマルコフ情報源の性質は，次のようになる．

性質 4.2

エルゴードマルコフ情報源は，次の性質をもつ．ここで，$\boldsymbol{P}$ は状態遷移行列である．

(i)　$$\lim_{t \to \infty} \frac{1}{t}(\boldsymbol{P} + \boldsymbol{P}^2 + \cdots + \boldsymbol{P}^t) = \boldsymbol{V} \tag{4.97}$$

(ii)　$$\boldsymbol{V} = \boldsymbol{\theta}\boldsymbol{w} \tag{4.98}$$

ここで，$\boldsymbol{\theta} = (1, 1, \cdots, 1, 1)^T$，$\boldsymbol{w} = (w_1, w_2, \cdots, w_n)$ は確率ベクトルである．

(iii)　$$\forall k \quad w_k > 0 \tag{4.99}$$

(iv)　$$\exists_1 \boldsymbol{z} \quad \boldsymbol{z} = \boldsymbol{z}\boldsymbol{P}, \quad \boldsymbol{z} = \boldsymbol{w} \tag{4.100}$$

ここで，$\boldsymbol{z} = (z_1, z_2, \cdots, z_n)$ は確率ベクトルである．

例 4.4　【例 4.3】の情報源に対して，(i) の左辺を求めてみよう（実際の計算は，演習問題 4.5 の (1)，(2) に譲る）.

$$\lim_{t\to\infty}\frac{1}{t}(\boldsymbol{P}+\boldsymbol{P}^2+\cdots+\boldsymbol{P}^t)$$
$$=\lim_{t\to\infty}\frac{1}{t}\left(\begin{bmatrix}0 & 1\\ 1 & 0\end{bmatrix}+\begin{bmatrix}1 & 0\\ 0 & 1\end{bmatrix}+\cdots\right)=\begin{bmatrix}\frac{1}{2} & \frac{1}{2}\\ \frac{1}{2} & \frac{1}{2}\end{bmatrix} \tag{4.101}$$

したがって

$$\boldsymbol{V}=\begin{bmatrix}\frac{1}{2} & \frac{1}{2}\\ \frac{1}{2} & \frac{1}{2}\end{bmatrix} \quad \therefore \quad \boldsymbol{w}=\left(\frac{1}{2},\frac{1}{2}\right) \tag{4.102}$$

これは，長時間の間には，情報源記号 0 と 1 が同じ確率で現れることを意味する．すなわち

$$P(0)=\frac{1}{2},\quad P(1)=\frac{1}{2} \tag{4.103}$$

したがって，マルコフ情報源 S の随伴情報源 $\bar{S}$ は

$$\therefore \quad \bar{S}=\begin{Bmatrix}0, & 1\\ \frac{1}{2}, & \frac{1}{2}\end{Bmatrix} \tag{4.104}$$

となる.

マルコフ情報源としては，状態遷移行列のみが与えられていたが，状態遷移行列から状態確率ベクトル，すなわち情報源記号の発生確率が求まる．ここでは，【性質 4.2】の (i) を用いて求めたが，もちろん【例 4.2】で求めたと同様に，【性質 4.2】の (iv) の定常分布からも求めることができる（これについては，演習問題 4.5 の (4) に譲る）.

【性質 4.2】の意味は，次のようである.

(i) 式 (4.97) の両辺に初期状態確率ベクトル $\boldsymbol{u}(0)$ をかけると

$$\boldsymbol{u}(0)\lim_{t\to\infty}\frac{1}{t}\left(\boldsymbol{P}+\boldsymbol{P}^2+\cdots+\boldsymbol{P}^t\right)=\boldsymbol{u}(0)\boldsymbol{V} \tag{4.105}$$

$$\lim_{t\to\infty}\frac{1}{t}(\boldsymbol{u}(0)\boldsymbol{P}+\boldsymbol{u}(0)\boldsymbol{P}^2+\cdots+\boldsymbol{u}(0)\boldsymbol{P}^t)=\boldsymbol{u}(0)\boldsymbol{V} \tag{4.106}$$

$$\lim_{t\to\infty}\frac{1}{t}(\boldsymbol{u}(1)+\boldsymbol{u}(2)+\cdots+\boldsymbol{u}(t))=\boldsymbol{u}(0)\boldsymbol{\theta}\boldsymbol{w}$$
$$(\because\quad \boldsymbol{u}(t)=\boldsymbol{u}(0)\boldsymbol{P}^t,\quad \boldsymbol{V}=\boldsymbol{\theta}\boldsymbol{w}) \tag{4.107}$$

$$\lim_{t\to\infty}\frac{1}{t}(\boldsymbol{u}(1)+\boldsymbol{u}(2)+\cdots+\boldsymbol{u}(t))=\boldsymbol{w}\quad(\because \boldsymbol{u}(0)\boldsymbol{\theta}=1) \tag{4.108}$$

式 (4.108) の左辺は状態確率分布の時間平均を表し，式 (4.108) は

$$[\text{時間平均分布}]=\boldsymbol{w} \tag{4.109}$$

を意味している．すなわち，$\boldsymbol{w}$ は実際に状態を長時間観測したときの状態の頻度分布を表す．

(ii) 収束値行列 $\boldsymbol{V}$ の各行は同じ確率ベクトル $\boldsymbol{w}$ となることを表す．ここで $\boldsymbol{w}$ は，確率ベクトルなので

$$\forall k\quad w_k\geq 0,\quad \sum_{k=1}^{n}w_k=1 \tag{4.110}$$

が成り立つ．

(iii) $\boldsymbol{w}$ の成分 w_k $(k=1,\cdots,n)$ は，常に正であることを示す．

(iv) 情報源の定常分布 $\boldsymbol{z}$ はただ 1 つ存在し，**時間平均分布** (time average distribution) $\boldsymbol{w}$ と一致することを示す．

Advance Note 4 21

(iv) は

$$[\text{定常分布 } \boldsymbol{z}]=[\text{時間平均分布 } \boldsymbol{w}] \tag{4.111}$$

また別の言い方をすれば

$$[\text{集合平均}]=[\text{時間平均}] \tag{4.112}$$

である．この関係が成り立つことを，**エルゴード性**（ergodic property）が成り立つという．これが，エルゴードマルコフ情報源と呼ばれるゆえんである．

Advance Note 4 22

集合平均 (ensemble average) とは，確率空間での平均であり，いうなれば理論的統計量である．一方，時間的平均とは，実際の実験等での観測に基づく頻度分布で，実験的結果からの統計量であり，式(4.112) は，いわば

$$[\text{理論的統計量}] = [\text{実験的統計量}] \tag{4.113}$$

が成り立つことを意味する．すなわち，エルゴード性が成り立つ場合は，実験結果を，理論的に裏付けることができる．

演習問題

Challenge □□□□

4-1 ★ 次の無記憶情報源 S の発生平均情報量（発生エントロピー）$H(S)$ を求めなさい．

$$S = \begin{Bmatrix} a, & b, & c, & d, & e \\ \frac{1}{2}, & \frac{1}{4}, & \frac{1}{8}, & \frac{1}{16}, & \frac{1}{16} \end{Bmatrix}$$

Challenge □□□□

4-2 ★ 4 元マルコフ情報源 $S = \{0, 1, 2, 3\}$ が次のような状態遷移行列 $\boldsymbol{P}$ をもつとき，そのシャノン線図（状態遷移図）を描きなさい．

$$P = \begin{bmatrix} 0.1 & 0.1 & 0 & 0.8 \\ 0.5 & 0.1 & 0 & 0.4 \\ 0 & 0.7 & 0.2 & 0.1 \\ 0.3 & 0 & 0.7 & 0 \end{bmatrix}$$

Challenge □□□□

4-3 ★★ 2 元マルコフ情報源 $S = \{a, b\}$ が，3 重マルコフ情報源であるとき，取りうる状態を，すべて答えなさい．

Challenge □□□□

4-4 ★★★★ 3 元マルコフ情報源 $S = \{0, 1, 2\}$ が次の状態遷移行列 $\boldsymbol{P}$ をもつとき以下の問いに答えなさい．

$$\boldsymbol{P} = \begin{bmatrix} \frac{1}{2} & \frac{1}{2} & 0 \\ \frac{1}{3} & 0 & \frac{2}{3} \\ \frac{2}{3} & 0 & \frac{1}{3} \end{bmatrix}$$

(1) シャノン線図（状態遷移図）を描きなさい．

(2) 正規マルコフ情報源であるかどうかを判定しなさい．

(3) 定常分布 $\boldsymbol{z} = (z_1, z_2, z_3)$ を求めなさい．

(4) この情報源の発生平均情報量（発生エントロピー）$H(S|S)$ を求めなさい．

(5) (3) で求めた定常分布を，各記号の発生確率とする無記憶情報源 $\bar{S}$（マルコフ情報源 S の随伴情報源）の発生平均情報量（発生エントロピー）$H(\bar{S})$ を求めなさい．

(6) (4) で求めた $H(S|S)$ と (5) で求めた $H(\bar{S})$ の大小を比較し，なぜそうなるか理由を説明しなさい．

Challenge □□□□

4-5 ★★★ マルコフ情報源 $S = \{0, 1\}$ が次の状態遷移行列 $\boldsymbol{P}$ をもつとき以下の問いに答えなさい．

$$\boldsymbol{P} = \begin{bmatrix} 0 & 1 \\ 1 & 0 \end{bmatrix}$$

(1) $\boldsymbol{P}$ の t 乗である $\boldsymbol{P}^t$ を求めなさい．

(2) $\displaystyle\lim_{t\to\infty} \frac{1}{t}(\boldsymbol{P} + \boldsymbol{P}^2 + \cdots + \boldsymbol{P}^t)$ を求めなさい．

(3) 状態確率ベクトル $\boldsymbol{w}$ を求めなさい．

(4) 定常分布 $\boldsymbol{z}$ を求めなさい．

(5) $\boldsymbol{z}$ と $\boldsymbol{w}$ の関係を示し，その意味を説明しなさい．

(6) このマルコフ情報源は，何マルコフ情報源と呼ばれるか，答えなさい．

第5章

情報源符号化

実際に情報源から発生する情報源記号を伝送する場合，情報源符号化が必要となる．情報源符号化とは，情報源記号，たとえば a, b, c, ⋯ 系列を，0, 1 系列に変換し，実際の伝送を可能とすることである．符号化により構成された符号の中で，実用になるのは瞬時符号である．瞬時符号が構成されるには，符号語長がクラフトの不等式を満足する必要があり，その平均符号長の下限は，情報源符号化定理（シャノンの第 1 基本定理）により規定される．

Keywords ①符号化，②平均符号長，③瞬時符号，④クラフトの不等式，⑤情報源符号化定理（シャノンの第 1 基本定理），⑥コンパクト符号

5 1 符号化

情報源記号を実際に伝送する場合，情報源記号を符号に変換することが必要となる．これを，**符号化**（coding, encoding）と呼ぶ．

具体的には，情報源アルファベット

$$S = \begin{Bmatrix} s_1, & s_2, & \cdots, & s_n \\ P(s_1), & P(s_2), & \cdots, & P(s_n) \end{Bmatrix} \tag{5.1}$$

に対する**符号**（code）

$$C = \{\boldsymbol{c}_1, \boldsymbol{c}_2, \cdots, \boldsymbol{c}_n\} \tag{5.2}$$

を構成することが符号化である．具体的には，情報源記号 s_k に対する**符号語**（code word）$\boldsymbol{c}_k$（簡単に符号と呼ぶことが多い）を求めることである．

$$\phi_k : s_k \to \boldsymbol{c}_k \tag{5.3}$$

ここで

$$\boldsymbol{c}_k = c_1^k c_2^k \cdots c_{\ell_k}^k \tag{5.4}$$

$$c_i^k \ (i = 1, \cdots, \ell_k) \in X = \{x_1,\ x_2, \cdots, x_r\} \tag{5.5}$$

この写像 ϕ_k が符号化を表す．

X は，符号を構成する記号集合で，この X の中の符号構成記号 $\{x_k\ (k = 1, \cdots, r)\}$ により構成される符号は，記号数が r 個のときは **r 元符号**（r-ary code）と呼ばれる．たとえば，$r = 2$ のとき，すなわち **2 元符号**（binary code）では

$$X = \{0, 1\} \tag{5.6}$$

符号語 $\boldsymbol{c}_k$ を構成する記号の個数 ℓ_k を**符号語長**（length of code word）（あるいは，簡単に符号長）と呼ぶ．また符号 C の**平均符号長**（average code length）L は

$$L = \sum_{k=1}^{n} \ell_k P(s_k) \tag{5.7}$$

と表される．平均符号長 L は，各符号語 $\{\boldsymbol{c}_k\}$ の符号語長 $\{\ell_k\}$ に対する原記号 $\{s_k\}$ の発生確率 $\{P(s_k)\}$ による符号語長 $\{\ell_k\}$ の加重平均，すなわち，符号語長の期待値である．出現頻度の高い記号の符号に，符号語長が短い符号語を割り当てることにより，短い平均符号長の符号が構成できる．

次のような無記憶情報源に対して

$$S = \begin{Bmatrix} a, & b, & c, & d \\ 0.4, & 0.3, & 0.2, & 0.1 \end{Bmatrix} \tag{5.8}$$

たとえば

$$\mathrm{a} \to 0, \quad \mathrm{b} \to 10, \quad \mathrm{c} \to 110, \quad \mathrm{d} \to 1110 \tag{5.9}$$

と 2 元符号化をしたとすると

$$\ell_a = 1, \quad \ell_b = 2, \quad \ell_c = 3, \quad \ell_d = 4 \tag{5.10}$$

となり，平均符号長は

$$\begin{aligned} L &= \ell_a P(a) + \ell_b P(b) + \ell_c P(c) + \ell_d P(d) \\ &= 1 \times 0.4 + 2 \times 0.3 + 3 \times 0.2 + 4 \times 0.1 \end{aligned}$$

$$= 2 \tag{5.11}$$

もし，符号語長を加重平均せず単純平均した場合は，$(1+2+3+4)/4 = 2.5$ となる．また，ここでもしも

$$\mathrm{a} \to 1110, \quad \mathrm{b} \to 110, \quad \mathrm{c} \to 10, \quad \mathrm{d} \to 0 \tag{5.12}$$

と符号化をした場合，すなわち出現頻度が高いものに長い符号語を割り当ててしまったときは，自明のことであるが平均符号長は，長くなり効率的でない．ちなみにこの場合は，平均符号長が 3 となる．

任意の k に対して，$\ell_k =$ 一定の場合，その符号を**等長符号**（fixed-length code）と呼び，$\ell_k \neq$ 一定の場合，**可変長符号**（variable-length code）と呼ぶ．

5 2 符号のクラス

符号は伝送された後，元の記号に変換される必要がある．すなわち符号化の逆変換で，**復号**（decoding）と呼ばれる．符号化 ϕ_k の逆写像

$$\phi_k^{-1} : \boldsymbol{c}_k \to s_k \tag{5.13}$$

が存在する必要がある．

以下で，復号の見地から，**図 5.1** のように符号をクラス分けする．

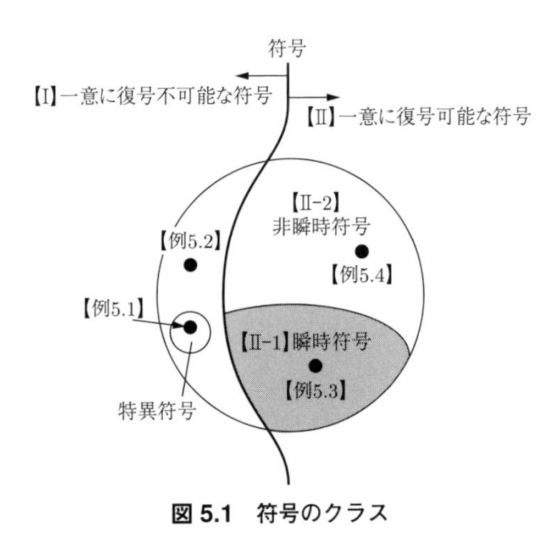

図 5.1　符号のクラス

符号は，まず次の 2 つのクラスに分類される．

【I】**一意に復号不可能な符号** (uniquely non-decodable code)
【II】**一意に復号可能な符号** (uniquely decodable code)
に分類される．【I】の一意に復号不可能な符号の代表格として，**特異符号** (singular code) がある．特異符号とは，たとえば，次の【例 5.1】のような符号である．すなわち，1 つの符号語を，異なる 2 つの記号に割り当てた符号である．

例 5.1

$$a \to 0, \quad b \to 10, \quad c \to 10, \quad d \to 11 \tag{5.14}$$

次に【例 5.2】は，【I】,【II】のどちらのクラスに属するかを考えてみる．

例 5.2

$$a \to 0, \quad b \to 01, \quad c \to 10, \quad d \to 11 \tag{5.15}$$

【I】の一意に復号不可能な符号に属することを証明するには，不可能な例を 1 つ示せばよい．実は，【例 5.2】は，たとえば 0110 が送られてきたとき，ada か bc かの判定がつかないので，一意に復号不可能である．【例 5.2】は特異符号ではないが，一意に復号不可能な符号である．

ここで，次の 2 つの例が，【I】,【II】のどちらであるかを考えてみよう．

例 5.3

$$a \to 0, \quad b \to 10, \quad c \to 110, \quad d \to 1110 \tag{5.16}$$

例 5.4

$$a \to 0, \quad b \to 01, \quad c \to 011, \quad d \to 0111 \tag{5.17}$$

【例 5.3】,【例 5.4】はどちらも，一意に復号可能な符号であり，【II】に属する．しかしながら，この 2 つの符号の例には，**図 5.2** に示すような非常に大きな違いがある．

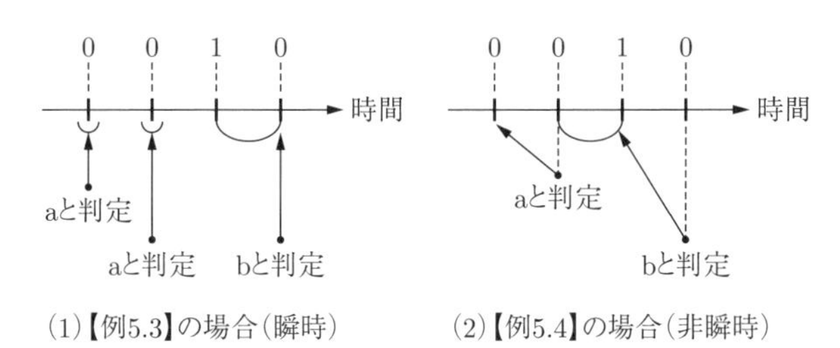

図 5.2　瞬時と非瞬時

たとえば，0 が送られてきた場合，【例 5.3】であればその時点で a と判定されるが，【例 5.4】の場合は，次に何がくるかを待つ必要がある．運良く 0 がくれば先ほどの 0 は a であったと判定がつく．もしも 1 がくれば，次に 0 がくるまで判定はお預けで，0 がきた時点で，その前までに送られてきた符号が何であったかが決定できる．すなわち【例 5.3】は，送られた瞬時にその符号が何かを復号できる．一方【例 5.4】は，送られた瞬間には復号できず，次の符号の一部を受け取ったときに初めて以前に送られた符号を復号できる．すなわち，符号の受理と復号までに時間の遅れが存在する．この観点より，一意に復号可能な符号【II】を，次の 2 つのクラスに分ける．

【II-1】**瞬時符号** (instantaneous code)（【例 5.3】）

【II-2】**非瞬時符号** (non-instantaneous code)（【例 5.4】）

5 3　瞬時符号

5.2 節の説明から目指すべき符号は，瞬時符号であることがわかったと思う．瞬時符号の性質を考えるために，改めて【例 5.3】と【例 5.4】の違いを，**符号木**（code tree）を用いて考えてみよう．2 元符号の場合を**図 5.3** に示すように，符号木は枝の分岐したような木状の構造をもつ．初めての分岐点を 0 次分岐ノード，次の分岐点を 1 次分岐ノードと呼ぶ．2 元符号の場合には，1 つの分岐ノードから 2 本の枝が出る．すなわち，r 元符号の場合は，r 個の枝が出て，r 本に分岐することとなる．したがって，分岐ノードへ符号を割り当てるとすると，m 次分岐ノードは r^m 個存在するため，最大 r^m 個の符号を割り当てることが可能である．

図 5.4 の（1）の【例 5.3】の符号木からわかるように，瞬時符号は，符号木

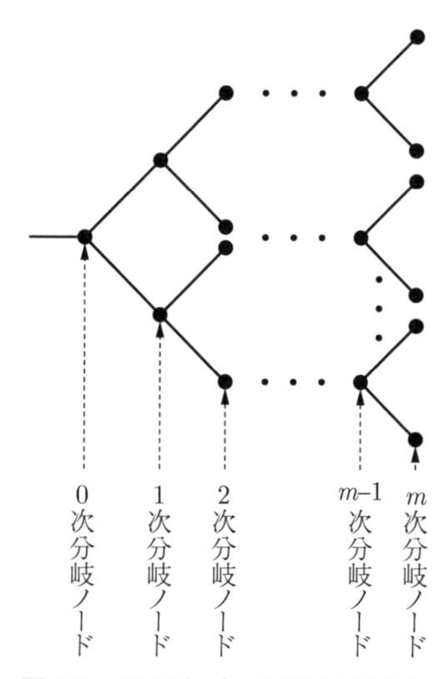

図 5.3　符号木（2 元符号の場合）

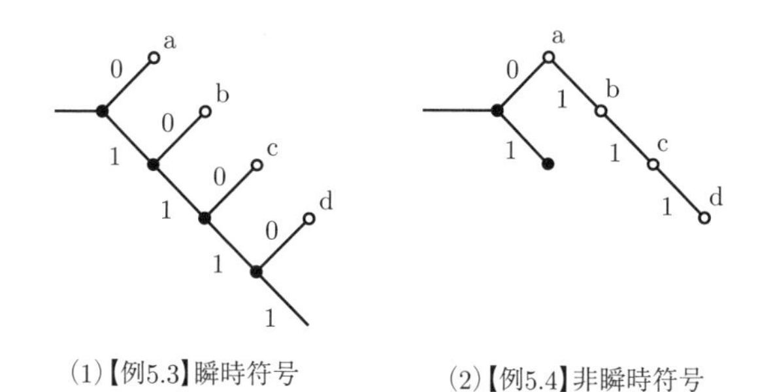

図 5.4　符号木の比較

の枝の末端に符号が割り振られているが，非瞬時符号は，(2) の【例 5.4】の符号木のように，枝の途中に符号が割り振られている．

この違いは，**語頭**（**プレフィックス**，prefix）の概念を用いることにより，次のように書き換えることができる．語頭（プレフィックス）とは，【例 5.4】の 0111 を例に考えると，0111 の語頭は，0，01，011 であり，言葉どおりに符号語の頭の部分である．

以上の符号木と語頭による説明から，次のような瞬時符号の特徴がわかる．

性質 5.1

以下の (1)～(3) 項は同値である.

(1) 瞬時符号である.

(2) すべての符号語が，符号木の枝の末端に割り振られている.

(3) 各符号（語）が，他の符号（語）の語頭（プレフィックス）となっていない.

性質 5.2

等長符号は，特異符号でなければ，瞬時符号である.

証明

符号木を書いてみると自明である．等長符号は，同じ次数の分岐ノードに符号が割り振られるので，異なる複数の記号に対する符号を同じ分岐ノードへ重複して割り振らない限りは，必然的に瞬時符号となる.

5 4 クラフトの不等式　—符号語長への制約—

情報源符号化は，できるだけ短い平均符号長をもつ符号を実現することを目的とする．本節では，まず符号 C

$$C = \{\boldsymbol{c}_1, \boldsymbol{c}_2, \cdots, \boldsymbol{c}_n\} \tag{5.18}$$

の符号語長 $\{\ell_1, \ell_2, \cdots, \ell_n\}$ が満たすべき制約について考えてみよう.

性質 5.3

符号語長 $\{\ell_1, \ell_2, \cdots, \ell_n\}$ をもつ r 元瞬時符号が存在するための必要十分条件は，次の不等式を満足することである.

$$\sum_{k=1}^{n} r^{-\ell_k} \leq 1 \quad \text{（クラフト（Kraft）の不等式）} \tag{5.19}$$

Note 5 1

クラフトの不等式 (Kraft's inequality) は，瞬時符号であるための必要十分条件ではなく，瞬時符号が存在するための必要十分条件である.

Note 5 2

式(5.19) の等号が成り立つ場合は，符号木のすべての終端に符号語が割り振られている場合であり，このような符号は**完全符号**（complete code）と呼ばれる.

Note 5 3

クラフトの不等式は，符号語長が短くなるほど，満足しにくくなる．反対に符号語長が長くなり，符号が冗長になるほど満足しやすい．また符号を構成する記号数 r が大きいほど，満足しやすい．これは，同じ符号語長 1 であっても，$r=2$ では違いを 2 つしか表せないが，たとえば $r=3$ では 3 つの違いを表せるからである．r が大きいほど同じ符号語長でもたくさんの情報を表現できるからである.

【例 5.3】,【例 5.4】に対するクラフトの不等式の左辺を計算してみると，$r=2$ であるから

$$\sum_{k=1}^{4} 2^{-\ell_k} = \frac{1}{2^1} + \frac{1}{2^2} + \frac{1}{2^3} + \frac{1}{2^4} = \frac{15}{16} \leq 1 \tag{5.20}$$

とどちらも同じになる．同じ符号語長 $(1, 2, 3, 4)$ で，瞬時符号も，非瞬時符号も構成できるが，うまくやれば，クラフトの不等式を満足する符号語長 $(\ell_1, \ell_2, \cdots, \ell_n)$ で，瞬時符号が構成できることを意味する.

$$[\text{瞬時符号である}] \ \underset{\not\longleftarrow}{\longrightarrow} \ [\text{クラフトの不等式を満足する}] \tag{5.21}$$

である．すなわち

性質 5.4

瞬時符号であれば，クラフトの不等式を満足する（その逆は，成り立たない）.

クラフトの不等式において，$r = 2$ とした場合，すなわち 2 元瞬時符号に対する【性質 5.3】の系は，次のように表される.

性質 5.5

符号語長 $\{\ell_1, \ell_2, \cdots, \ell_n\}$ をもつ 2 元瞬時符号が存在するための必要十分条件は，次の不等式を満足することである.

$$\sum_{k=1}^{n} 2^{-\ell_k} \leq 1 \text{ (クラフトの不等式)} \tag{5.22}$$

クラフトの不等式 (5.22) の意味を，直感的に**図 5.5** を用いて考えてみよう.

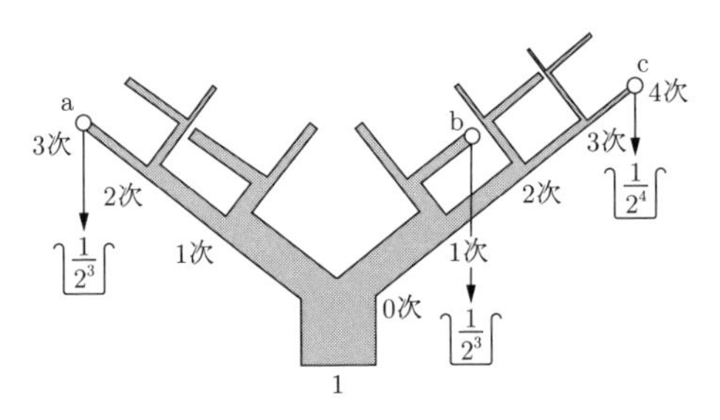

図 5.5　符号木の模式図

木であることを重視して，図 5.5 の符号木は下から上に伸びる木として描いた．木が地中から "1" の水を吸い上げると考えよう．初めての分岐（0 次分岐ノード）で枝が 2 本になるため，水の流れも 2 分され "1/2" と "1/2" に分流する．次の分岐（1 次分岐ノード）でも，また 2 分され "$1/4 = 1/2^2$" と "$1/4 = 1/2^2$" に分流し，すべての枝には "$1/2^2$" の水が流れる．m 次分岐ノードにおいては，すべての枝に "$1/2^{m+1}$" の水が流れることとなる．符号語が対応するノードの下にバケツを置き，そこへ流れてくる水の量を加え合わせたものがクラフトの不等式 (5.22) の左辺となる．すなわち，その和が 1 を超えるということは，本来もっと高次のノードに符号語を割り当てなければならないのに，低次のノードに割り当てたため，一度カウントした水を，ダブルカウントするようなノードに符号語を割り当てたときなどに起こる．完全符号の場合は，すべての末端ノードへ符号が割り当てられており，そこから流れ出る水の量の総和は 1 となる．

5 5 拡大情報源

情報源 S に対する N 次**拡大情報源** (auqmented information source) を次のように定義する．

$$S^N = \{s_1^N, \cdots, s_{n^N}^N\} \tag{5.23}$$

$$\forall k \quad s_k^N = s_{k_1} \cdots s_{k_N}, \quad \forall k,\ \ell \quad s_{k_\ell} \in S \tag{5.24}$$

すなわち，情報源 S の記号から重複を許して N 個をとる順列をつくり，それらをすべて情報源記号（マクロな記号）とする情報源である．N は，記号列（記号ブロック）の長さ，すなわち，マクロな記号の長さ（ブロック長）を表す．また，拡大情報源 S^N の発生確率は，元の情報源 S の発生確率から求めることができる．

例 5.5 無記憶情報源

$$S = \left\{ \begin{matrix} a, & b \\ \frac{1}{3}, & \frac{2}{3} \end{matrix} \right\} \tag{5.25}$$

に対する 2 次拡大情報源 S^2 は

$$S^2 = \{aa, ab, ba, bb\} \tag{5.26}$$

となる．また，その発生確率は

$$
\begin{aligned}
P(aa) &= P(a)P(a) = \frac{1}{3} \times \frac{1}{3} = \frac{1}{9} \\
P(ab) &= P(a)P(b) = \frac{1}{3} \times \frac{2}{3} = \frac{2}{9} \\
P(ba) &= P(b)P(a) = \frac{2}{3} \times \frac{1}{3} = \frac{2}{9} \\
P(bb) &= P(b)P(b) = \frac{2}{3} \times \frac{2}{3} = \frac{4}{9}
\end{aligned}
\tag{5.27}
$$

となり，2 次拡大情報源 S^2 は

$$
S^2 = \left\{ \begin{matrix} aa, & ab, & ba, & bb \\ \frac{1}{9}, & \frac{2}{9}, & \frac{2}{9}, & \frac{4}{9} \end{matrix} \right\} \tag{5.28}
$$

と表される．

Note 5 4

無記憶情報源 S とその N 次拡大情報源 S^N について，**表 5.1** の関係が成り立つ．

表 5.1　S と S^N の平均符号長および発生エントロピーの相互関係

	平均符号長	発生エントロピー
無記憶情報源 S	L	$H(S)$
N 次拡大情報源 S^N	L_N	$H(S^N)$
相互関係	$L_N = NL$	$H(S^N) = NH(S)$

5.6 情報源符号化定理　—平均符号長の下限—

性質 5.6

無記憶情報源 S に対して，次の条件を満足する平均符号長 L をもつ r 元瞬時符号が構成できる．

$$\frac{H(S)}{\log r} \leq L < \frac{H(S)}{\log r} + 1 \tag{5.29}$$

証明

以下では，次の 2 段階で証明を進める．

（ステップ 1） 瞬時符号を構成可能な符号語長を選ぶ（クラフトの不等式を満足することを示す）．

（ステップ 2） 構成した符号が，条件である式 (5.29) を満足することを示す．

（ステップ 1）

次の条件，式 (5.30) を満足する正の整数（自然数）を符号語長 ℓ_k $(k = 1, \cdots, n)$ とする r 元符号を構成する（注：$\alpha \leq \ell_k < \alpha + 1$（$\alpha$：実数）の間には必ず 1 つの整数が存在する）．

$$\frac{-\log P(s_k)}{\log r} \leq \ell_k < \frac{-\log P(s_k)}{\log r} + 1 \tag{5.30}$$

ここで，左辺の 2 項より

$$-\log P(s_k) \leq \ell_k \log r \tag{5.31}$$

$$\log P(s_k) \geq \log r^{-\ell_k} \tag{5.32}$$

$$r^{-\ell_k} \leq P(s_k) \tag{5.33}$$

$$\therefore \quad \sum_{k=1}^{n} r^{-\ell_k} \leq \sum_{k=1}^{n} P(s_k) = 1 \tag{5.34}$$

したがって，【性質 5.3】のクラフトの不等式を満足するので，式 (5.30) を満足する符号語長 $\{\ell_k \ (k = 1, \cdots, n)\}$ で r 元瞬時符号を構成可能である．

（ステップ 2）

式 (5.30) の各項に $P(s_k)$ をかけて，$k=1,\cdots,n$ の和を取る．

$$\frac{-P(s_k)\log P(s_k)}{\log r} \le \ell_k P(s_k) < \frac{-P(s_k)\log P(s_k)}{\log r} + P(s_k) \tag{5.35}$$

$$\frac{\overbrace{-\sum_{k=1}^{n} P(s_k)\log P(s_k)}^{H(S)}}{\log r} \le \underbrace{\sum_{k=1}^{n} \ell_k P(s_k)}_{L} < \frac{\overbrace{-\sum_{k=1}^{n} P(s_k)\log P(s_k)}^{H(S)}}{\log r} + \underbrace{\sum_{k=1}^{n} P(s_k)}_{1} \tag{5.36}$$

$$\therefore \quad \frac{H(S)}{\log r} \le L < \frac{H(S)}{\log r} + 1 \tag{5.37}$$

【性質 5.6】の系として，$r=2$ の場合，すなわち 2 元瞬時符号について次の性質が求まる．

性質 5.7

無記憶情報源 S に対して，次の条件を満足する平均符号長 L をもつ 2 元瞬時符号を構成できる．

$$H(S) \le L < H(S) + 1 \tag{5.38}$$

【性質 5.6】を拡大情報源 S^N に対して適用することにより，次の**情報源符号化定理**（information coding theorem）が求まる．

定理 5.1《情報源符号化定理》(シャノンの第 1 基本定理)

無記憶情報源 S の N 次拡大情報源 S^N に対して，次の条件を満足する 1 情報源記号当たりの平均符号長 L をもつ r 元瞬時符号が構成できる．

$$\forall \varepsilon > 0$$

$$\frac{H(S)}{\log r} \leq L < \frac{H(S)}{\log r} + \varepsilon \tag{5.39}$$

証明

【性質 5.6】を N 次拡大情報源 S^N に対して適用する．すなわち，S を S^N，L を L_N とおくと

$$\frac{H(S^N)}{\log r} \leq L_N < \frac{H(S^N)}{\log r} + 1 \tag{5.40}$$

ここで，L_N は，N 次拡大情報源 S^N に対する N 次拡大情報源 1 記号当たりの平均符号長である．

無記憶情報源 S とその N 次拡大情報源 S^N の発生エントロピーと平均符号長の関係（表 5.1，72 ページ）より

$$H(S^N) = NH(S) \tag{5.41}$$

$$L_N = NL \tag{5.42}$$

であることから，式 (5.41)，(5.42) を式 (5.40) へ代入すると

$$\frac{NH(S)}{\log r} \leq NL < \frac{NH(S)}{\log r} + 1 \tag{5.43}$$

各項を N で割ると

$$\frac{H(S)}{\log r} \leq L < \frac{H(S)}{\log r} + \frac{1}{N} \tag{5.44}$$

ここで，$1/N = \varepsilon$ とおくと

$$\frac{H(S)}{\log r} \leq L < \frac{H(S)}{\log r} + \varepsilon \tag{5.45}$$

Note 5 5

式(5.39) の意味するところは，ε は任意なので，できるだけ小さく 0 に近づけると，右辺は $H(S)/\log r$ に近づき，L を取り巻く左右の項は限りなく近づき

$$L \to \frac{H(S)}{\log r} \tag{5.46}$$

となる．すなわち L は，$H(S)/\log r$ に収束する．

ε を小さくしていくことは，$\varepsilon = 1/N$ からわかるように，拡大次数 (ブロック長) N を大きくしていくことを意味する．すなわち，記号を複数個まとめたブロックに対する符号化を実行すれば，L が収束値 $H(S)/\log r$ に近づくといえる．ブロックに対する符号化については，第 6 章の演習問題 6.3 に譲る．

この意味するところは，非常に重要で，うまく符号化をすれば，平均符号長が $H(S)/\log r$ になる最短符号を構成できることを示しており，情報源を符号化するときの指針を表している．

この定理は，情報源を符号化するときの指針となる最短符号の目標値を与えるものであり，シャノンの第 1 基本定理と呼ばれる．情報源符号化定理は，同値な「雑音のない通信路の符号化定理」の形で示されることも多く，これについては，8.4 節で説明する．

系 5.1

無記憶情報源 S の N 次拡大情報源 S^N に対して，次の条件を満足する 1 個の情報源記号当たりの平均符号長 L をもつ 2 元瞬時符号が構成できる．

$$\forall \varepsilon > 0 \quad H(S) \leq L < H(S) + \varepsilon \tag{5.47}$$

Note 5 6

式(5.47) の意味するところは，【定理 5.1】に対する〈ノート 5.5〉と同じく

$$L \to H(S) \tag{5.48}$$

が成り立つことである．

式(5.48) は平均符号長を情報源のエントロピー $H(S)$ まで，短くできる可能性があることを示している．言い方を変えれば，エントロピー $H(S)$ をもつ情報源は，符号化するためにはどんなに節約しても平均符号長は，$H(S)$ ビット必要であることを示している．

Note 5 7

これが，不確定性（あいまい性）を示すはずのエントロピーが，情報量と呼ばれる理由の 1 つである．すなわち，情報源 S のもつ情報を表現するために必要なビット数は，どんなに節約しても $H(S)$ ビット必要であり，$H(S)$ ビットの情報を含んでいるとみなせる．

Note 5 8

次の 6 章で述べるハフマン符号が，情報源符号化定理を満足する符号であることが知られている．

5 7 符号の効率と冗長度

2 元符号の場合は，平均符号長 L は，常に

$$L \geq H(S) \tag{5.49}$$

の関係をもつため，2 元符号の**効率**（efficiency）e と**冗長度**（redundancy）r は次のように定義できる．

$$e = \frac{H(S)}{L} \quad (0 \leq e \leq 1) \tag{5.50}$$

$$r = 1 - e = 1 - \frac{H(S)}{L} = \frac{L - H(S)}{L} \quad (0 \leq r \leq 1) \tag{5.51}$$

r 元符号に対しては，$H(S)$ を $H(S)/\log r$ と置き換えればよい．

5 8 コンパクト符号

情報源に対して最短な符号を**コンパクト符号**（compact code）と呼ぶ．コンパクト符号であっても，効率 e が 1 になるとは限らない．もちろん，拡大次数 N を大きくしていけば，【定理 5.1】情報源符号化定理やその系である【系 5.1】より明らかなように，平均符号長 L は下限（2 元符号に対しては $H(S)$，r 元符号に対しては $H(S)/\log r$）に近づき，効率 e は 1 に近づく．コンパクト符号を構成する符号化法の 1 つを次の 6 章で紹介する．

演習問題

Challenge □□□□

5-1 ★

情報源 $S = \{a, b, c, d\}$ を次のように符号化したとき，その符号木を描きなさい．

$$a \to 1,\quad b \to 01,\quad c \to 001,\quad d \to 0001$$

Challenge □□□□

5-2 ★★

次の無記憶情報源 S について以下の問いに答えなさい．

$$S = \left\{ \begin{matrix} a, & b, & c, & d \\ \frac{1}{2}, & \frac{1}{4}, & \frac{1}{8}, & \frac{1}{8} \end{matrix} \right\}$$

(1)　2 元瞬時符号の構成可能な最短平均符号長 L_2 を求めなさい．

(2)　3 元瞬時符号の構成可能な最短平均符号長 L_3 を求めなさい．

(3)　2 元瞬時符号と 3 元瞬時符号では，どちらが平均符号長の短い符号を構成できるかを示しなさい．また，その理由も述べなさい．

Challenge □□□□

5-3 ★★★

情報源 $S = \{a, b, c, d, e\}$ を次の表のように符号化した．符号 C_1～C_6 について，以下の問いに答えなさい．

	C_1	C_2	C_3	C_4	C_5	C_6
a	0	1	0	0	100	1
b	10	110	10	01	101	01
c	110	001	110	011	110	000
d	1110	011	1110	0111	111	0010
e	1011	101	11110	01111	000	0011

(1)　一意に復号不可能な符号をあげなさい（その理由も示しなさい）．

(2)　瞬時符号をあげなさい（その理由も示しなさい）．

(3)　情報源 S の発生確率を $S = \left\{ \begin{matrix} a, & b, & c, & d, & e \\ \frac{1}{2}, & \frac{1}{4}, & \frac{1}{8}, & \frac{1}{16}, & \frac{1}{16} \end{matrix} \right\}$ とする．この情報源に一番適した符号を，C_1～C_6 の中から選びなさい（その理由も示しなさい）．

Challenge □□□□

5-4 ★★★ 情報源 $S = \{a, b, c, d\}$ に対する次の符号語長をもつ瞬時符号が構成できるかどうかを判定しなさい.

(1)　(1, 2, 2, 2) の 2 元符号
(2)　(1, 2, 2, 2) の 3 元符号
(3)　(1, 1, 2, 2) の 3 元符号
(4)　(2, 2, 2, 3) の 2 元符号
(5)　(2, 2, 2, 2) の 2 元符号

Challenge □□□□

5-5 ★★ 次の無記憶情報源 S の 3 次拡大情報源 S^3 を構成しなさい.

$$S = \begin{Bmatrix} 0, & 1 \\ \frac{1}{4}, & \frac{3}{4} \end{Bmatrix}$$

第 6 章

具体的符号化法

具体的符号化法として，シャノン・ファノ符号とハフマン符号の構成法を与える．ハフマン符号は，構成法は簡単であるが，コンパクト符号である．

Keywords ①シャノン・ファノ符号，②ハフマン符号

6 1 シャノン・ファノ符号

5.6 節情報源符号化定理の【性質 5.6】の証明において用いた符号長を表す式 (5.30) を満たす符号化法をここで与える．

式 (5.30) は，2 元符号の場合，式 (6.1) となる．

$$-\log P(s_k) \leq \ell_k < -\log P(s_k) + 1 \tag{6.1}$$

ここで，具体的に次のような無記憶情報源の 2 元符号，**シャノン・ファノ符号** (Shannon-Fano code) を構成することを考える．

$$S = \begin{Bmatrix} s_1, & s_2, & s_3, & s_4 \\ 0.4, & 0.3, & 0.2, & 0.1 \end{Bmatrix} \tag{6.2}$$

(ステップ 1) 発生確率の大きい順に並べる．

> **Note 6 1**
>
> 式 (6.2) は，すでに発生確率の大きい順に並んでいる．

(ステップ 2) 次の条件を満足する正の整数（自然数）を符号長 $(\ell_1, \ell_2, \ell_3, \ell_4)$ とする．

$$
\left.\begin{array}{ll}
-\log 0.4 \leq \ell_1 < -\log 0.4 + 1 & \therefore \ell_1 = 2 \\
-\log 0.3 \leq \ell_2 < -\log 0.3 + 1 & \therefore \ell_2 = 2 \\
-\log 0.2 \leq \ell_3 < -\log 0.2 + 1 & \therefore \ell_3 = 3 \\
-\log 0.1 \leq \ell_4 < -\log 0.1 + 1 & \therefore \ell_4 = 4
\end{array}\right\} \tag{6.3}
$$

Note 6 2

符号長（$\ell_1, \ell_2, \ell_3, \ell_4$）を決定する式(6.3) は，【性質 5.6】において瞬時符号が構成可能な符号長を決定するときに用いた式(5.30) において，$r = 2$ とした式(6.1) を用いており，この符号長（$\ell_1, \ell_2, \ell_3, \ell_4$）で瞬時符号が構成できる．

（ステップ 3）　次のような確率 P_k（$k = 1, \cdots, 4$）を求める．

$$
P_1 = 0 \tag{6.4}
$$

$$
P_k = P_{k-1} + P(s_{k-1}) \quad (k = 2, \cdots, 4) \tag{6.5}
$$

すなわち

$$
\left.\begin{array}{l}
P_1 = 0 \\
P_2 = P_1 + P(s_1) = 0 + 0.4 = 0.4 \\
P_3 = P_2 + P(s_2) = 0.4 + 0.3 = 0.7 \\
P_4 = P_3 + P(s_3) = 0.7 + 0.2 = 0.9
\end{array}\right\} \tag{6.6}
$$

（ステップ 4）　P_k（$k = 1, \cdots, 4$）を 2 進数展開する．

$$
\left.\begin{array}{lll}
P_1 = 0 & \rightarrow & 0.00000\cdots \\
P_2 = 0.4 & \rightarrow & 0.01100\cdots \\
P_3 = 0.7 & \rightarrow & 0.10110\cdots \\
P_4 = 0.9 & \rightarrow & 0.11100\cdots
\end{array}\right\} \tag{6.7}
$$

Note 6 3

10 進数の 2 進数への変換は，付録 A（159 ページ）を参照せよ．

（ステップ 5）　小数点以下 ℓ_k（$k = 1, \cdots, 4$）桁を s_k（$k = 1, \cdots, 4$）の符号とする．

$$\left.\begin{array}{lll} s_1 & \to & 00 \\ s_2 & \to & 01 \\ s_3 & \to & 101 \\ s_4 & \to & 1110 \end{array}\right\} \tag{6.8}$$

Advance Note 6 4

式(6.1) の左辺 2 項より

$$\log P(s_k) \geq -\ell_k \tag{6.9}$$

したがって

$$P(s_k) \geq 2^{-\ell_k} \tag{6.10}$$

となり，（ステップ 3）の式(6.5) より

$$P_k - P_{k-1} = P(s_{k-1}) \geq 2^{-\ell_{k-1}} \quad (k = 2, \cdots, 4)$$

となり，2 進数展開前の P_k と P_{k-1} は $2^{-\ell_{k-1}}$ 以上（2 進数では 1 桁以上）の差があることがわかり，s_k と s_{k-1} に対応する符号は，常に 1 桁以上異なるといえる．したがって，シャノン・ファノ符号は，同じ符号が異なる記号に割り当てられることはなく，特異符号とはならない．

Note 6 5

平均符号長は

$$L = 2 \times 0.4 + 2 \times 0.3 + 3 \times 0.2 + 4 \times 0.1 = 2.4 \tag{6.11}$$

となるが，符号木が**図 6.1** のようになることから明らかなように，平均符号長 $L = 2.4$ よりも短い 2 元瞬時符号が他に存在することがわかる．

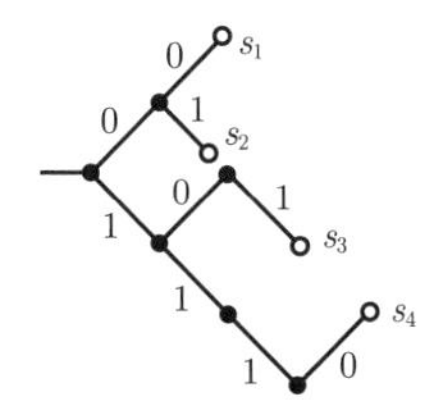

図 6.1　シャノン・ファノ符号の符号木（$L = 2.4$）

6 2 ハフマン符号

次の無記憶情報源 S の 2 元符号として，コンパクト符号の 1 つである**ハフマン符号**（Huffman code）の構成法を示す．

$$S = \begin{Bmatrix} s_1, & s_2, & s_3, & s_4 \\ 0.4, & 0.3, & 0.2, & 0.1 \end{Bmatrix} \tag{6.12}$$

（ステップ 1） 発生確率の大きい順に並べる．

（ステップ 2） 発生確率の小さい 2 つの記号（s_3, s_4）を選び，それらに対応する符号として，末尾に 0, 1 を割り当てる．

（ステップ 3） 2 つの記号 (s_3, s_4) を 1 つと考え，マクロな新しい記号 s_3^* を生成し，その発生確率を

$$P(s_3^*) = P(s_3) + P(s_4) \tag{6.13}$$

と計算する．ここで s_3^* を記号とする次のような新しい情報源 S_1 を考える．

$$S_1 = \begin{Bmatrix} s_1, & s_2, & s_3^* \\ 0.4, & 0.3, & 0.3 \end{Bmatrix} \tag{6.14}$$

（ステップ 4） ステップ 1 に戻る．

（ステップ 5） ステップ 2，3 と繰り返し，最後にマクロ記号が 1 個となるまで，このループを繰り返す（**注：**（ステップ 1～4）でループを形成していることに気付くこと）．

【ループ 1 回目】上述の S_1 にたどり着く．

【ループ 2 回目】次の S_2 にたどり着く．

$$S_2 = \begin{Bmatrix} s_1, & s_2^* \\ 0.4, & 0.6 \end{Bmatrix} \tag{6.15}$$

ここでは，s_1 と s_2^* の発生確率の大小が逆転しているので，ループ 3 回目では，（ステップ 1）で順序を入れ替える必要がある．すなわち，次の $S_2{}'$ に対して，（ステップ 2）を実行する．

$$S_2' = \begin{Bmatrix} s_2^*, & s_1 \\ 0.6, & 0.4 \end{Bmatrix} \tag{6.16}$$

以上の符号化を図示すると，**図 6.2** のようになる．

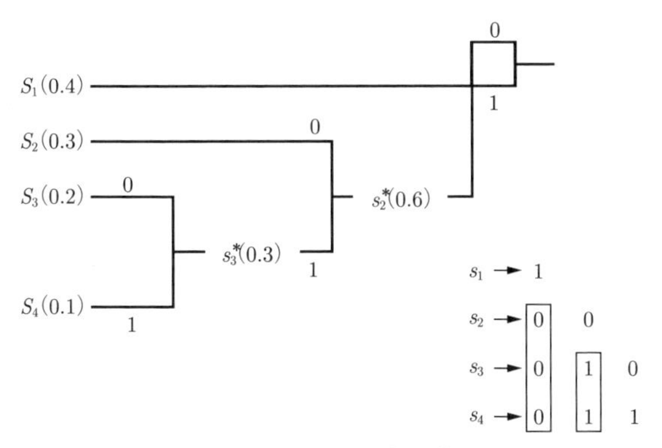

図 6.2　ハフマン符号化

最終的に

$$\left.\begin{array}{lll} s_1 & \to & 1 \\ s_2 & \to & 00 \\ s_3 & \to & 010 \\ s_4 & \to & 011 \end{array}\right\} \tag{6.17}$$

が求まる．

この符号の平均符号長は

$$L = 1 \times 0.4 + 2 \times 0.3 + 3 \times 0.2 + 3 \times 0.1 = 1.9 \tag{6.18}$$

となり．符号木は，**図 6.3** のようになる．

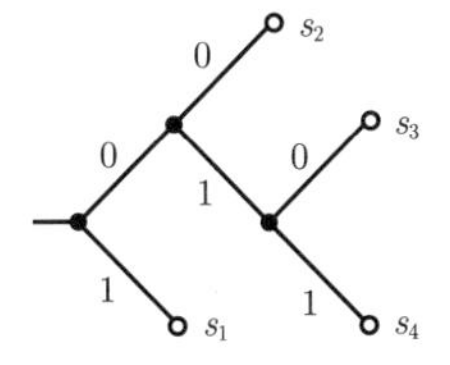

図 6.3　ハフマン符号の符号木（$L = 1.9$，コンパクト符号）

Note 6 6

6.1 節で求めたシャノン・ファノ符号と比較すると，明らかに平均符号長は短い．この符号は，図 6.3 よりわかるように，対象の無記憶情報源 S に対して，最短な符号になっており，コンパクト符号であることがわかる．もし，対象の無記憶情報源 S に対して**図 6.4** のような等長符号を割り当てると，平均符号長は，2 となる．

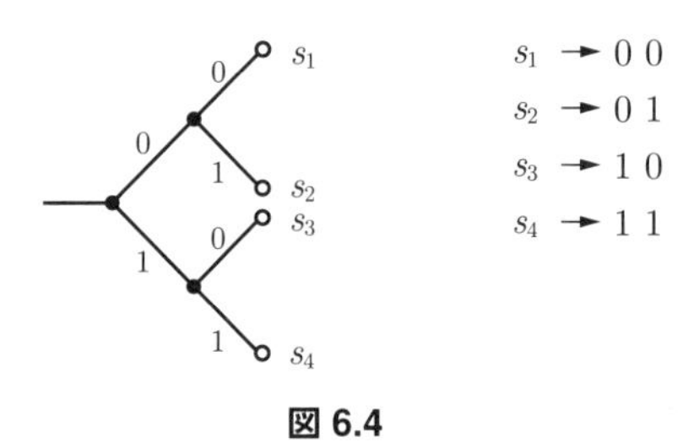

図 6.4

Note 6 7

ループ 1 回目でたどり着いた情報源 S_1 は，s_2 と s_3^* の発生確率が同じ 0.3 となっている．本文の【ループ 2 回目】では，この順序で符号化を実行したが，等確率なので，2 つの記号を入れ替えた次のような $\hat{S}_1$ に対して，2 回目のループを実行してもよい．この場合は，別の符号が求まる．

$$\hat{S}_1 = \left\{ \begin{matrix} s_1, & s_3^*, & s_2 \\ 0.4, & 0.3, & 0.3 \end{matrix} \right\} \tag{6.19}$$

Note 6 8

ハフマン符号は，一意に決まる符号化ではなく，1 個の情報源に対して，いくつかの可能なパターンが存在する．

(1) 本文では 0, 1 を割り振るとしたが，1, 0 を割り振るとしてもよい．

(2) 発生確率が同じときは，どちらを先にしてもよい．

したがって，前述の情報源式 (6.12) に対しては，4 通りの符号が存在する．

本文では証明は割愛するが，ハフマン符号は常にコンパクト符号となる．

Advance Note 6 9

平均符号長を計算すると，$L = 1.9 > H(S) = 1.85$ であり，効率 $e = 0.97 \neq 1$ であるが，ハフマン符号はコンパクト符号であり，最短符号である．2次拡大情報源，3次拡大情報源…と，符号化する対象の拡大情報源の拡大次数を上げていけば，L は $H(S)$ に近づき，よって e は1に近づくこととなる．本章の演習問題6.3参照.

演習問題

Challenge □□□□

6-1 ★

次の無記憶情報源 S のハフマン符号を求めなさい.

$$S = \begin{Bmatrix} s_1, & s_2, & s_3 \\ 0.5, & 0.3, & 0.2 \end{Bmatrix}$$

Challenge □□□□

6-2 ★★

次の無記憶情報源 S のシャノン・ファノ符号を求めなさい.

$$S = \begin{Bmatrix} s_1, & s_2, & s_3 \\ 0.5, & 0.3, & 0.2 \end{Bmatrix}$$

Challenge □□□□

6-3 ★★★★

次の無記憶情報源 S について，以下の問いに答えなさい.

$$S = \begin{Bmatrix} a, & b \\ \frac{1}{4}, & \frac{3}{4} \end{Bmatrix}$$

(1) 発生平均情報量（発生エントロピー）$H(S)$ を求めなさい.

(2) 無記憶情報源 S のハフマン符号を構成し，平均符号長 $L^{(1)}$ を求めなさい.

(3) 無記憶情報源 S の2次拡大情報源 S^2 を求め，そのハフマン符号を構成しなさい．また，その符号木を描き，1記号当たりの平均符号長 $L^{(2)}$ を求めなさい.

(4) 無記憶情報源 S の3次拡大情報源 S^3 を求め，そのハフマン符号を構成しなさい．また，その符号木を描き，1 記号当たりの平均符号長 $L^{(3)}$ を求めなさい．

(5) $H(S)$，$L^{(1)}$，$L^{(2)}$，$L^{(3)}$ の関係を考察しなさい．

Challenge □□□□

6-4 ★★★ 次の無記憶情報源について，以下の問いに答えなさい．

$$S = \begin{Bmatrix} a, & b, & c, & d, & e \\ \dfrac{1}{2}, & \dfrac{1}{4}, & \dfrac{1}{8}, & \dfrac{1}{16}, & \dfrac{1}{16} \end{Bmatrix}$$

(1) 情報源 S の発生平均情報量（発生エントロピー）を求めなさい．

(2) 情報源 S のハフマン符号を構成し，その平均符号長，効率，冗長度を求めなさい．またその符号木を描きなさい．

(3) 情報源 S のシャノン・ファノ符号を構成し，その平均符号長，効率，冗長度を求めなさい．またその符号木を描きなさい．

(4) ハフマン符号とシャノン・ファノ符号について，求めた平均符号長と情報源 S の発生平均情報量（発生エントロピー）$H(S)$ を比較し，その関係を考察しなさい．

第7章 通信路と相互情報量

情報を伝送する経路である通信路の確率モデルを示し，その性質を考察する．通信路における送受信間での確率と平均情報量（エントロピー）の関係を明らかにし，通信路で伝送される情報量を表す相互情報量を定義する．相互情報量の種々の性質とともに，特別なタイプの通信路の相互情報量を与える．相互情報量を用いて，通信路容量の定義も行う．

Keywords ①通信路，②相互情報量，③通信路容量

7.1 通信路モデル

情報源からの情報を伝送するために**通信路**（channel）が必要であり，その確率モデルを構築する．通信路モデルは，**図 7.1** に示すように，通信路，伝送される送信記号集合，受信される受信記号集合から構成される．

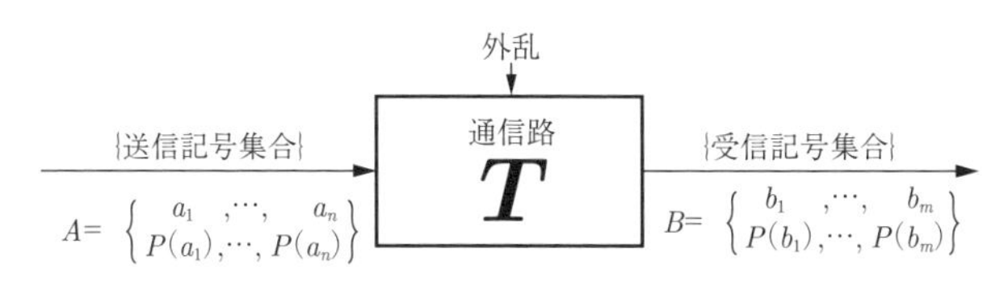

図 7.1 通信路モデル

通信路への入力となる送信記号（情報源からの記号を符号化した後の記号列を構成する記号）を a_k（$k = 1, \cdots, n$），通信路からの出力である受信記号を b_ℓ（$\ell = 1, \cdots, m$）とする．その各々の生起確率を含めた集合を，次のように送信記号（入力記号）集合 A，受信記号（出力記号）集合 B とする．

$$A = \begin{Bmatrix} a_1, & a_2, & \cdots, & a_n \\ P(a_1), & P(a_2), & \cdots, & P(a_n) \end{Bmatrix} \tag{7.1}$$

$$B = \begin{Bmatrix} b_1, & b_2, & \cdots, & b_m \\ P(b_1), & P(b_2), & \cdots, & P(b_m) \end{Bmatrix} \tag{7.2}$$

ここで，a_k が起こったときの b_ℓ の条件付き確率 $P(b_\ell|a_k)$ を成分とし，以下の式 (7.3) で表される確率行列 $\boldsymbol{T}$ を，**通信路行列**（channel matrix）と呼び，**通信路モデル**（model of channel）とする．

$$\boldsymbol{T} = \begin{array}{c} \\ a_1 \\ \vdots \\ a_k \\ \vdots \\ a_n \end{array} \begin{array}{c} \begin{array}{ccccc} b_1 & \cdots & b_\ell & \cdots & b_m \end{array} \\ \begin{bmatrix} t_{11} & \cdots & \uparrow & \cdots & t_{1m} \\ \vdots & \ddots & \uparrow & \cdot & \cdot \\ \rightarrow & \rightarrow & t_{k\ell} & \cdot & \cdot \\ \vdots & \cdot & \cdot & \cdot & \cdot \\ t_{n1} & \cdot & \cdot & \cdot & t_{nm} \end{bmatrix} \end{array} \tag{7.3}$$

ここで

$$t_{k\ell} = P(b_\ell|a_k) = P(a_k \rightarrow b_\ell) \tag{7.4}$$

$$\left.\begin{array}{l} 0 \leq t_{k\ell} \leq 1 \quad (k = 1, \cdots, n,\ \ell = 1, \cdots, m) \\ \displaystyle\sum_{\ell=1}^{m} t_{kl} = 1 \quad (k = 1, \cdots, n) \end{array}\right\} \tag{7.5}$$

理解を容易にするために，行列 $\boldsymbol{T}$ の左側には送信される記号を，上側には受信される記号を示しているが，通常はこれらの表記はしない．$t_{k\ell}$ は，a_k から b_ℓ，すなわち，a_k が送られたときに b_ℓ として受け取られる確率を表す．

この通信路モデル，すなわち通信路行列を図示した**図 7.2** を，**通信路線図**（channel diagram）という．

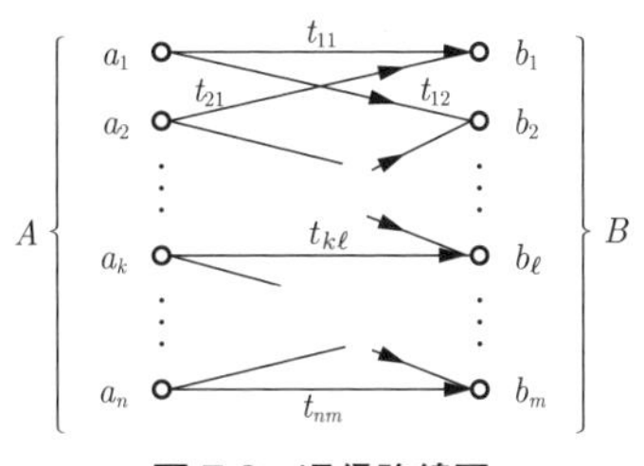

図 7.2　通信路線図

例 7.1　送信記号集合 $A = \{0, 1\}$, 受信記号集合 $B = \{\bar{0}, \bar{1}\}$, 通信路行列 $\boldsymbol{T}$

$$\boldsymbol{T} = \begin{bmatrix} 1-p & p \\ p & 1-p \end{bmatrix} \tag{7.6}$$

で表される通信路線図は，**図 7.3** となる．ここで，送信記号集合と受信記号集合の要素はともに 0, 1 であるが，区別するために受信記号には "¯" をつけている．この通信路は，送受信記号間の遷移が対称であることから，**2 元対称通信路**（binary symmetric channel；**BSC**）と呼ばれる．ここで，p は送信における**誤り確率**（error probability）を表す．

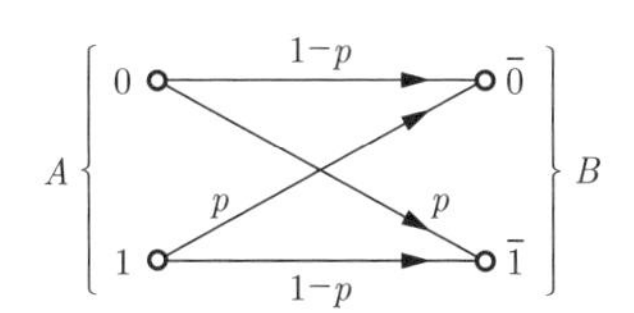

図 7.3　2 元対称通信路（BSC）

7 2 通信路での確率関係

送信記号集合の生起確率 $P(a_k)$（この場合は**事前確率**（probability a priori））と通信路行列 $\boldsymbol{T}$，すなわち条件付き確率 $P(b_\ell|a_k)$ は事前にわかるが，受信記号集合の生起確率 $P(b_\ell)$ と条件付き確率（この場合は**事後確率**（probability a posteriori））$P(a_k|b_\ell)$ はわからず，以下のように，これらの確率 $P(a_k)$, $P(b_\ell|a_k)$ から求めることができる．

Note 7 1

簡単にいうと，事前確率，事後確率とは，何か（事）が起こる前後の確率である．ここ通信路においては，“事” とは観測することを表す．

事前確率 $P(a_k)$：　b_ℓ の起こる前の a_k の確率
事後確率 $P(a_k|b_\ell)$：　b_ℓ が起こった後の a_k の確率

である．

$$\left\{\begin{array}{ll} P(a_k) & (k=1,\cdots,n) \\ P(b_\ell|a_k) & (k=1,\cdots,n,\ \ell=1,\cdots,m) \end{array}\right\} \tag{7.7}$$

$$\Rightarrow$$

$$\left\{\begin{array}{ll} P(b_\ell) & (\ell=1,\cdots,m) \\ P(a_k|b_i) & (k=1,\cdots,n,\ \ell=1,\cdots,m) \end{array}\right\} \tag{7.8}$$

これらを求めるための関係は，確率論においては，**全確率の公式**（total probability rule）と**ベイズの定理**（Bayes' theorem）といわれるもので，次のように表される．

性質 7.1

(1) 全確率の公式

$$P(b_\ell) = \sum_{i=1}^{n} P(b_\ell|a_i)P(a_i) \tag{7.9}$$

(2) ベイズの定理

$$P(a_k|b_\ell) = \frac{P(b_\ell|a_k)P(a_k)}{\displaystyle\sum_{i=1}^{n} P(b_\ell|a_i)P(a_i)} \tag{7.10}$$

証明

(1)　結合確率の周辺分布をとると

$$P(b_\ell) = \sum_{i=1}^{n} P(a_i, b_\ell) \tag{7.11}$$

Advance Note 7 2

結合確率 $\mathrm{P}(a_k, b_\ell)$ の一方の変数に対する全ての定義域で総和を取ることを，"周辺分布をとる" という．$\mathrm{P}(a) = \sum_B P(a, b)$，$P(b) = \sum_A P(a, b)$ となる．

ここで，結合確率と条件付き確率の関係

$$P(a_i,\ b_\ell) = P(b_\ell|a_i)P(a_i) \tag{7.12}$$

を式 (7.11) へ代入すると，式 (7.9) が求まる．

(2)　結合確率を，条件付き確率を用いて 2 通りに表す．

$$P(a_k,\ b_\ell) = P(a_k|b_\ell)P(b_\ell) = P(b_\ell|a_k)P(a_k) \tag{7.13}$$

式 (7.13) の 2 項目と 3 項目を $P(b_\ell)$ (> 0) で割ると

$$P(a_k|b_\ell) = \frac{P(b_\ell|a_k)P(a_k)}{P(b_\ell)} \tag{7.14}$$

式 (7.14) の分母に式 (7.9) を代入すると，式 (7.10) が求まる．

Note 7 3

全確率の公式は，**図 7.4** から直感的に理解できる．すなわち，A 側から b_ℓ への経路の出発点は，$a_1, \cdots, a_n$ である．a_i から b_ℓ への確率は $P(b_\ell|a_i)$ であり，a_i にいる確率は $P(a_i)$ なので，a_i を経過して b_ℓ へ到達する確率は

$$P(b_\ell|a_i)P(a_i) \tag{7.15}$$

となる．以下，同様に

$$\left.\begin{array}{l} a_1 \text{ を経過して } b_\ell \text{ へ到達する確率：} P(b_\ell|a_1)P(a_1) \\ a_2 \text{ を経過して } b_\ell \text{ へ到達する確率：} P(b_\ell|a_2)P(a_2) \\ \qquad\qquad \vdots \\ a_n \text{ を経過して } b_\ell \text{ へ到達する確率：} P(b_\ell|a_n)P(a_n) \end{array}\right. \tag{7.16}$$

となり，すべて加えると

$$P(b_\ell) = \sum_{i=1}^{n} P(b_\ell|a_i)P(a_i) \tag{7.17}$$

となる.

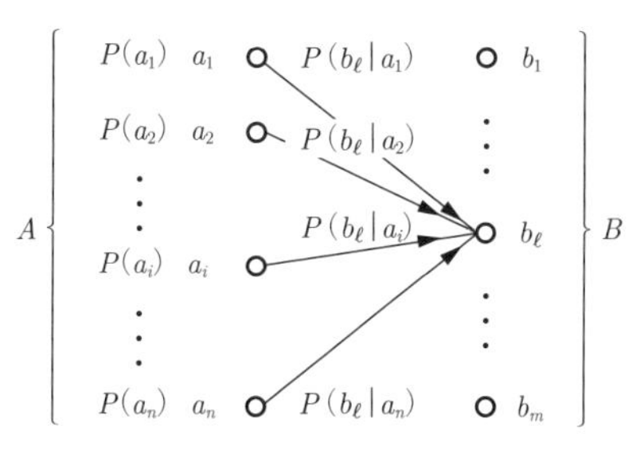

図 7.4　全確率の公式の説明図

ベイズの定理である式 (7.10) は，事前確率 $P(a_k)$ から事後確率 $P(a_k|b_\ell)$ を求める公式である.

通信路においては，“事” とは観測すること，すなわち伝送された記号を受信することである．送信記号の生起確率が事前確率，伝送される記号を受信した後，それがどの送信記号であるかを示す条件付き確率が事後確率となる．したがって，送信記号の生起確率 $P(a_k)$（事前確率）と通信路行列 $\boldsymbol{T} = \{P(b_\ell|a_k)\}$ を用いて，受信記号に対して元の記号は何であるかの確率 $P(a_k|b_\ell)$（事後確率）を求めることができる．これがベイズの定理の意味するところである.

Note 7 4

全確率の公式，式(7.9) は，次のように行列・ベクトル表現できる.

$$[P(b_1)\cdots P(b_m)] = [P(a_1)\cdots P(a_n)] \underbrace{\begin{bmatrix} t_{11} & \cdots & t_{1m} \\ \vdots & \ddots & \vdots \\ t_{n1} & \cdots & t_{nm} \end{bmatrix}}_{\boldsymbol{T}} \tag{7.18}$$

ここで，$\boldsymbol{T}$ は式(7.3) で表される通信路行列であり，$t_{k\ell} = P(b_\ell|a_k)$ である.

7 3 通信路での平均情報量（エントロピー）の関係

通信路における送信記号集合と受信記号集合に対して，次のようなエントロピーが定義できる．

$$H(A) = -\sum_{k=1}^{n} P(a_k)\log P(a_k) \tag{7.19}$$

$$H(B) = -\sum_{\ell=1}^{m} P(b_\ell)\log P(b_\ell) \tag{7.20}$$

$$H(A|B) = -\sum_{k=1}^{n}\sum_{\ell=1}^{m} P(a_k, b_\ell)\log P(a_k|b_\ell) \tag{7.21}$$

$$H(B|A) = -\sum_{k=1}^{n}\sum_{\ell=1}^{m} P(a_k, b_\ell)\log P(b_\ell|a_k) \tag{7.22}$$

$$H(A, B) = -\sum_{k=1}^{n}\sum_{\ell=1}^{m} P(a_k, b_\ell)\log P(a_k, b_\ell) \tag{7.23}$$

これらエントロピーの相互関係は，すでに 3.4 節の図 3.4 に図示され，【性質 3.2】(28 ページ) に与えられている．

7 4 相互情報量 —通信路により伝送される情報量—

通信路により伝送される情報量を求めてみよう．前節で定義した情報量（エントロピー）の中で，$H(A)$ と $H(A|B)$ に着目する．

図 7.5 に示した観測（受信）前後のエントロピーの変化を考えてみよう．送信記号集合 A に対する観測前後のエントロピーの変化量を用いて，**相互情報量** (mutual information) を定義する．

$$I(A; B) = H(A) - H(A|B) \quad \text{〔bit／記号〕} \tag{7.24}$$

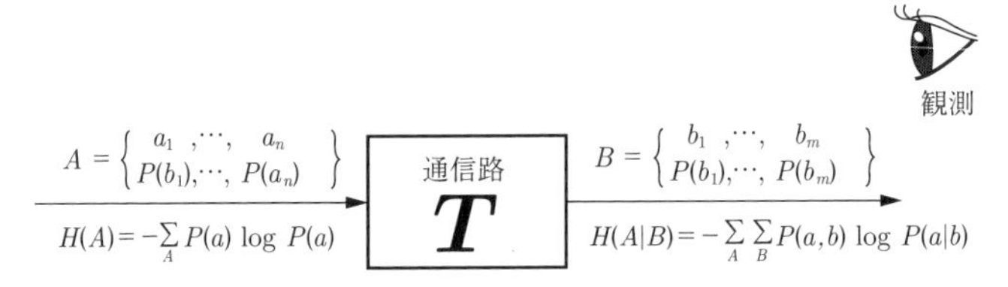

図 7.5　通信路でのエントロピーの変化

式 (7.24) の意味を，3.5 節での “エントロピーは情報量” の立場からの相互情報量 $I(A;B)$ の説明を踏襲すると，次のように説明できる．

$$\begin{aligned} I(A;B) &= \{A \text{ のもつ情報量}\} \\ &\quad -\{B \text{ を受信することで } A \text{ の情報の一部がすでにわかっ} \\ &\qquad \text{ているとき，その後 } A \text{ のもつ残りの情報量}\} \\ &= \{B \text{ の観測で得られた情報量}\} \\ &= \{\text{通信路で伝送された情報量}\} \end{aligned} \tag{7.25}$$

ここで，今までとってきた “エントロピーは情報量” の立場を捨て，本来のエントロピーの立場である “エントロピーは**不確定性**の尺度” の立場で考えてみる．

$$\begin{aligned} I(A;B) &= \{A \text{ のもつ不確定性}\} \\ &\quad -\{B \text{ を受信することにより } A \text{ の一部を知った後，} \\ &\qquad \text{まだ残っている } A \text{ のもつ不確定性}\} \\ &= \{\text{観測による不確定性の減少量}\} \\ &= \{B \text{ の観測で得られた情報量}\} \\ &= \{\text{通信路で伝送された情報量}\} \end{aligned} \tag{7.26}$$

この状況を，図示すると**図 7.6** のようになる．

式 (7.25) と式 (7.26) のどちらの立場をとるかは自由であるが，どちらの場合も，通信路で伝送される情報量を表す相互情報量 $I(A;B)$ は，“**通信路の有効性の度合い**” を示すといえる．

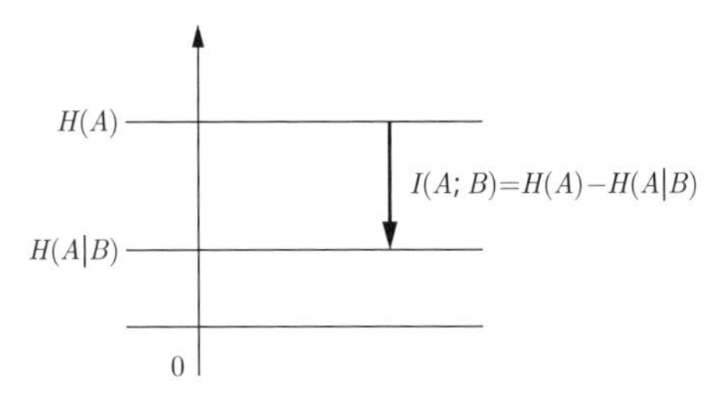

図 7.6　エントロピーの変化量（減少量）

Advance Note 7 5

"エントロピーは不確定性の尺度" の立場で，シャノンの情報量を再考する．式(7.26) において，もしも私たちが万能で，B を受信することにより，送信された情報 A 全部を完全に知ることができるとする（雑音のない通信路（104 ページ参照）に対応する）と，B 観測後の A についての不確定性は 0，すなわち $H(A|B)=0$ となる．したがって

$$I(A;B) = H(A) - H(A|B) \tag{7.27}$$

$$= H(A) \tag{7.28}$$

式(7.28) は

$$\{\text{通信路で伝送された情報量}\} = \{\text{エントロピー}\}$$

となる．すなわちエントロピーは，私たちが万能で，対象がもっている情報をすべて知ることができる場合の情報量を表していると考えることができる．これが，不確定性（あいまい性）を示すはずのエントロピーが，なぜ情報量と呼ばれるかの理由の 1 つである．

Advance Note 7 6

ここで，不確定性（あいまい性）を示すはずのエントロピーが，情報量と呼ばれる理由をまとめておこう．ここまでに 3 つの理由を示してきた．

- 平均情報量（2.2 節）：
  情報量の満たすべき 3 条件を満足する自己情報量の関数形が対数関数であることを導き，その自己情報量の平均をとることにより，平均情報量を定義すると，エントロピーと同じ形式となる．
- 最短の平均符号長 L が $H(S)$ に近づく（$L \to H(S)$）（5.6 節）：
  情報源 S がもつ情報を表現するために必要なビット数は，どんなに節約しても $H(S)$ ビット必要であり，$H(S)$ ビットの情報を含んでいるとみなせる．
- 相互情報量がエントロピーとなる場合がある（$I(A;B) = H(A)$）（7.4 節）：
  私たちが万能（通信路が雑音のない通信路）で，対象からすべての情報を吸収できるときは，情報量 $=$ エントロピー となる．

7 5 相互情報量の確率表現

式 (7.24) を用いて，相互情報量の確率表現を導く．

$$
\begin{aligned}
I(A;B) &= H(A) - H(A|B) \\
&= -\sum_{k=1}^{n} P(a_k) \log P(a_k) - \left\{ -\sum_{k=1}^{n}\sum_{\ell=1}^{m} P(a_k, b_\ell) \log P(a_k|b_e) \right\} \\
&= -\sum_{k=1}^{n}\sum_{\ell=1}^{m} P(a_k, b_\ell) \log P(a_k) + \sum_{k=1}^{n}\sum_{\ell=1}^{m} P(a_k, b_\ell) \log P(a_k|b_\ell) \\
&\qquad\qquad \left(\because P(a_k) = \sum_{\ell=1}^{m} P(a_k, b_\ell) \right) \\
&= \sum_{k=1}^{n}\sum_{\ell=1}^{m} P(a_k, b_\ell) \log \frac{P(a_k|b_e)}{P(a_k)} \\
&= \sum_{k=1}^{n}\sum_{\ell=1}^{m} P(a_k, b_\ell) \log \frac{P(a_k, b_\ell)}{P(a_k) P(b_\ell)} \qquad (7.29)
\end{aligned}
$$

例 7.2 【例 7.1】で示した 2 元対称通信路において，$p = \frac{1}{4}$ の場合 (**図 7.7**) について実際に相互情報量を計算してみよう．

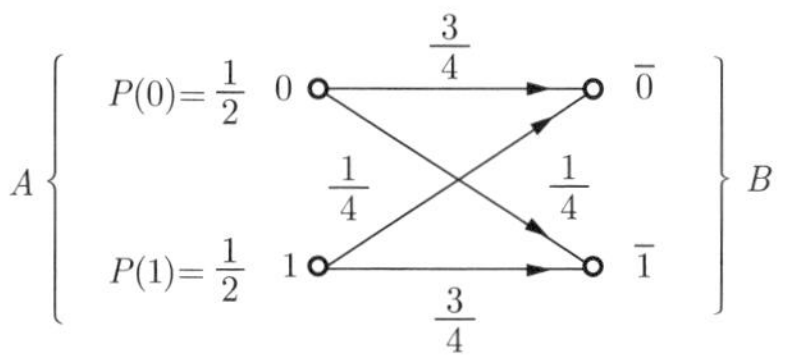

図 7.7 2 次元対称通信路 (誤り確率 $\boldsymbol{p = \frac{1}{4}}$)

通信路行列は，次のようになる．

$$\boldsymbol{T} = \begin{bmatrix} P(\bar{0}|0) & P(\bar{1}|0) \\ P(\bar{0}|1) & P(\bar{1}|1) \end{bmatrix} = \begin{bmatrix} \dfrac{3}{4} & \dfrac{1}{4} \\ \dfrac{1}{4} & \dfrac{3}{4} \end{bmatrix} \tag{7.30}$$

また，送信記号の生起確率を $P(0) = P(1) = \dfrac{1}{2}$ とする．すなわち

$$A = \begin{Bmatrix} 0, & 1 \\ \dfrac{1}{2}, & \dfrac{1}{2} \end{Bmatrix} \tag{7.31}$$

式 (7.29) を用いて相互情報量を計算するために必要な確率を以下で求める．まず，式 (7.18) の両辺の転置を用いて，受信記号の生起確率 $P(\bar{0})$ と $P(\bar{1})$ を求める．

$$\begin{bmatrix} P(\bar{0}) \\ P(\bar{1}) \end{bmatrix} = \boldsymbol{T}^T \begin{bmatrix} P(0) \\ P(1) \end{bmatrix} = \begin{bmatrix} \dfrac{3}{4} & \dfrac{1}{4} \\ \dfrac{1}{4} & \dfrac{3}{4} \end{bmatrix} \begin{bmatrix} \dfrac{1}{2} \\ \dfrac{1}{2} \end{bmatrix} = \begin{bmatrix} \dfrac{1}{2} \\ \dfrac{1}{2} \end{bmatrix} \tag{7.32}$$

$$\therefore P(\bar{0}) = P(\bar{1}) = \frac{1}{2}$$

次に，結合確率を，送信記号の生起確率と通信路行列の成分である条件付き確率から求める．

$$\left.\begin{aligned}
P(0,\bar{0}) &= P(\bar{0}|0)P(0) = \frac{3}{4}\times\frac{1}{2} = \frac{3}{8}\\
P(0,\bar{1}) &= P(\bar{1}|0)P(0) = \frac{1}{4}\times\frac{1}{2} = \frac{1}{8}\\
P(1,\bar{0}) &= P(\bar{0}|1)P(1) = \frac{1}{4}\times\frac{1}{2} = \frac{1}{8}\\
P(1,\bar{1}) &= P(\bar{1}|1)P(1) = \frac{3}{4}\times\frac{1}{2} = \frac{3}{8}
\end{aligned}\right\} \tag{7.33}$$

以上で求めた確率を，式 (7.29) に代入して，最終目標である相互情報量を求める．

$$\begin{aligned}
I(A;B) =& \sum_A \sum_B P(a,b)\log\frac{P(a,b)}{P(a)P(b)}\\
=& P(0,\bar{0})\log\frac{P(0,\bar{0})}{P(0)P(\bar{0})} + P(0,\bar{1})\log\frac{P(0,\bar{1})}{P(0)P(\bar{1})}\\
&+ P(1,\bar{0})\log\frac{P(1,\bar{0})}{P(1)P(\bar{0})} + P(1,\bar{1})\log\frac{P(1,\bar{1})}{P(1)P(\bar{1})}\\
=& \frac{3}{8}\log\frac{3}{2} + \frac{1}{8}\log\frac{1}{2} + \frac{1}{8}\log\frac{1}{2} + \frac{3}{8}\log\frac{3}{2}\\
=& \frac{3}{4}\log 3 - 1 \approx 0.189 \text{〔bit ／記号〕}
\end{aligned} \tag{7.34}$$

Note 7 7

【例 7.2】では，確率表現された式(7.29) から直接相互情報量を計算したが，相互情報量の定義式である式(7.24) から，$H(A)$ と $H(A|B)$ を別々に計算し，その差で求めることももちろん可能である．

Advance Note 7 8

Kullback 発散（divergence）（Kullback 情報量，あるいは相対エントロピーとも呼ばれる）は，2 つの確率分布

$$P = \{P_{k\ell}\}_{\substack{k=1,\cdots,n,\\ \ell=1,\cdots,m}} \qquad \sum_{k=1}^{n}\sum_{\ell=1}^{m} P_{k\ell} = 1 \tag{7.35}$$

$$Q = \{Q_{k\ell}\}_{\substack{k=1,\cdots,n,\\ \ell=1,\cdots,m}} \qquad \sum_{k=1}^{n}\sum_{\ell=1}^{m} Q_{k\ell} = 1 \tag{7.36}$$

に対して

$$I(P;Q)=\sum_{k=1}^{n}\sum_{\ell=1}^{m}P_{k\ell}\log\frac{P_{k\ell}}{Q_{k\ell}} \tag{7.37}$$

と定義される．詳しい説明は割愛するが，$I(P;Q)$ は，分布 $\{P_{k\ell}\}$ が $\{Q_{k\ell}\}$（基点）からどれだけ離れているかを表している．すなわち，$\{Q_{k\ell}\}$ と $\{P_{k\ell}\}$ の距離を示す．$\{P_{kl}\}=\{Q_{k\ell}\}$ のときは，$I(P;Q)=0$ で，離れれば離れるほど $I(P;Q)$ は大きくなる．パターン認識などにおいては，基準パターンからのずれの尺度などとしてよく使用され，応用分野が広い．

Advance Note 7 9

相互情報量式(7.29) を Kullback 発散の立場で見直してみよう．

$$\left.\begin{aligned}P_{k\ell}&=P\left(a_k,b_\ell\right)\\Q_{k\ell}&=P\left(a_k\right)P\left(b_\ell\right)\end{aligned}\right\} \tag{7.38}$$

とおくと，Kullback 発散の立場から相互情報量式(7.29) は，$\{P(a_k)P(b_\ell)\}$（基点）から $\{P(a_k,\ b_\ell)\}$ がどれだけ離れているかを表していることとなる．ところで $P(a_k,b_\ell)$ は通信路での入力記号と出力記号の結合確率なので，実際の通信路と考えることができる．一方 $P(a_k)P(b_\ell)$ は，a_k と b_ℓ が独立な場合に

$$P(a_k,\ b_\ell)=P(a_k)P(b_\ell) \tag{7.39}$$

となる．すなわち，$\forall k,\ \ell$ に対して a_k と b_ℓ が独立ということは，入力と出力が関連をもたないわけであり，通信路が無意味であることを意味する．したがって，$\{P(a_k,b_\ell)\}$（実際の通信路）が $\{P(a_k)P(b_\ell)\}$（基点，通信路が無意味）からどれだけ離れているか，すなわち通信路がどれだけ有効かを表していることとなる．Kullback 発散の立場からも相互情報量が "**通信路の有効性の尺度**" であることがわかる．

正確にいうと，相互情報量は Kullback 発散の 1 つの場合である．

7 6 相互情報量の性質

性質 7.2

相互情報量は，常に非負の値をもつ．

$$I(A;B) \geq 0 \tag{7.40}$$

Advance Note 7 10

【性質 7.2】を証明する．

3.2 節のシャノンの補助定理【補助定理 3.1】(21 ページ) を確率分布が 2 次元の場合に拡張すると，2 つの確率分布

$$P = \{P_{k\ell}\}_{\substack{k=1,\cdots,n \\ \ell=1,\cdots,m}}, \quad \sum_{k=1}^{n}\sum_{\ell=1}^{m} P_{k\ell} = 1 \tag{7.41}$$

$$Q = \{Q_{k\ell}\}_{\substack{k=1,\cdots,n \\ \ell=1,\cdots,m}}, \quad \sum_{k=1}^{n}\sum_{\ell=1}^{m} Q_{k\ell} = 1 \tag{7.42}$$

に対して

$$-\sum_{k=1}^{n}\sum_{\ell=1}^{m} P_{k\ell}\log P_{k\ell} \leq -\sum_{k=1}^{n}\sum_{\ell=1}^{m} P_{k\ell}\log Q_{k\ell} \tag{7.43}$$

が成り立つ．式 (7.43) を変形すると

$$\sum_{k=1}^{n}\sum_{\ell=1}^{m} P_{k\ell}\log\frac{P_{k\ell}}{Q_{k\ell}} \geq 0 \tag{7.44}$$

ここで

$$\begin{aligned} P_{k\ell} &= P(a_k, b_\ell) \\ Q_{k\ell} &= P(a_k)\,P(b_\ell) \end{aligned} \tag{7.45}$$

とおくと

$$\sum_{k=1}^{n}\sum_{\ell=1}^{m} P(a_k, b_\ell)\log\frac{P(a_k, b_\ell)}{P(a_k)\,P(b_\ell)} \geq 0 \tag{7.46}$$

$$\therefore \quad I(A;B) \geq 0 \tag{7.47}$$

Advance Note 7 11

【性質 7.2】からわかるように，相互情報量は非負（正または 0）である．ここで，相互情報量を構成する式(7.29) の $\sum\sum$ の中の項を式(7.49) のように $i(a_k, b_\ell)$ とおくと

$$I(A;B) = \sum_{k=1}^{n}\sum_{\ell=1}^{m} i\left(a_k, b_\ell\right) \tag{7.48}$$

$$i\left(a_k, b_\ell\right) = P\left(a_k, b_\ell\right) \log \frac{P\left(a_k, b_\ell\right)}{P\left(a_k\right) P\left(b_\ell\right)} \tag{7.49}$$

式(7.49) は入力記号と出力記号の各々の対 (a_k, b_ℓ) 間の情報量を表しており，それについては，正のもの，0 のものだけでなく，負のものが存在することを忘れてはいけない．$i(a_k, b_\ell) < 0$ は，b_ℓ を受け取っても a_k についての情報が受け取られない以上に，悪い影響を受けることを意味する．しかしながら，式(7.48) のように全体として $I(A;B)$ をみれば，必ず非負であり，A について情報が得られないときでも，0 以上に必ずなるのである．

性質 7.3

相互情報量は，次のように表すことができる．

$$I(A;B) = H(A) - H(A|B) \tag{7.50}$$

$$= H(B) - H(B|A) \tag{7.51}$$

$$= H(A) + H(B) - H(A,\ B) \tag{7.52}$$

$$= H(A,\ B) - H(A|B) - H(B|A) \tag{7.53}$$

証明

3.4 節の図 3.4 (28 ページ)から明らかである．

7.7 種々の通信路

7.7.1 雑音のない通信路

$$\boldsymbol{T} = \begin{bmatrix} \frac{1}{2} & \frac{1}{2} & 0 & 0 & 0 & 0 \\ 0 & 0 & \frac{1}{3} & \frac{1}{3} & \frac{1}{3} & 0 \\ 0 & 0 & 0 & 0 & 0 & 1 \end{bmatrix} \tag{7.54}$$

この通信路行列の通信路線図を描くと，**図 7.8** のようになる．この通信路行列の特徴をみると，各列に正の成分が 1 つ，ただ 1 つのみ存在する．このような通信路を，**雑音のない通信路**（noiseless channel）と呼ぶ．通信路線図を見ると，各 b はどれか 1 つの a からのみ矢印がきている．すなわち，通信路の出力 B 側から入力 A 側を見ると，各 b がどこからきたか一意に決定できる．これを確率で表すと，次のようになる．

$$\forall k,\ \ell \quad P(a_k|b_\ell) = 0 \text{ または } 1 \tag{7.55}$$

この場合の相互情報量は，$H(A|B) = 0$ より

$$\begin{aligned} I(A;B) &= H(A) - H(A|B) \\ &= H(A) \end{aligned} \tag{7.56}$$

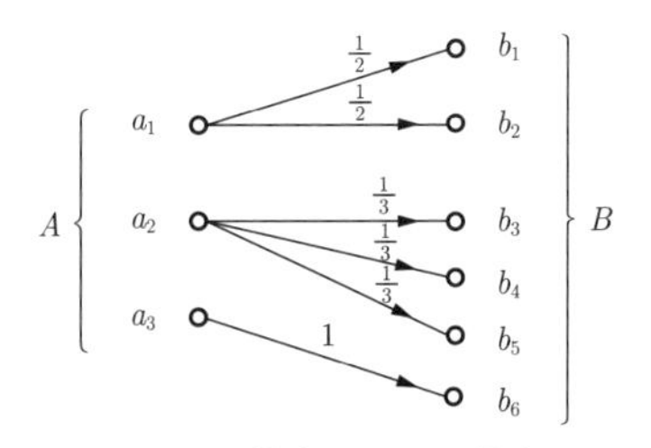

図 7.8　雑音のない通信路

となる．

7.7.2 確定的通信路

$$\boldsymbol{T} = \begin{bmatrix} 1 & 0 \\ 1 & 0 \\ 0 & 1 \end{bmatrix} \tag{7.57}$$

この通信路行列の通信路線図を描くと，**図 7.9** のようになる．この通信路行列の特徴をみると，各行に正の成分が 1 つ，ただ 1 つのみ存在する．このような通信路を，**確定的通信路**（deterministic channel）と呼ぶ．通信路線図を見ると，各 a はどれか 1 つの b へのみ矢印が行っている．すなわち，通信路の入力 A 側から出力 B 側を見ると，各 a がどこへ行くか一意に決定できる．これを確率で表すと，次のようになる．

$$\forall k,\ \ell \quad P(b_\ell|a_k) = 0 \text{ または } 1 \tag{7.58}$$

この場合の相互情報量は，$H(B|A) = 0$ より

$$\begin{aligned} I(A;B) &= H(B) - H(B|A) \\ &= H(B) \end{aligned} \tag{7.59}$$

となる．

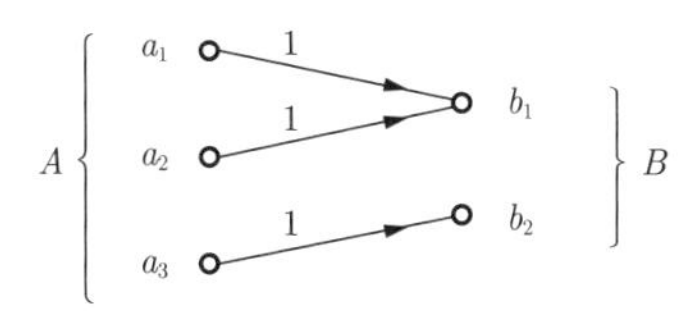

図 7.9　確定的通信路

7.8 通信路容量

情報を伝送する通信路の容量 C を次のように定義し，**通信路容量**（channel capacity）と呼ぶ．

$$C = \max_{\left\{\substack{P(a_k)(k=1,\cdots,n) \\ \sum_{k=1}^{n} P(a_k)=1}\right\}} I(A;B) \text{〔bit／送信記号〕} \tag{7.60}$$

式 (7.60) は，入力記号の生起確率を変化させて相互情報量の最大値をとることを意味する．相互情報量は，入力記号の生起確率と，通信路行列の条件付き確率が決定されれば一意に決まる．すなわち，それらの関数となっている．したがって，制約条件 $\sum_{k=1}^{n} P(a_k) = 1$ のもとで入力記号集合 A を，$A^{(1)}, A^{(2)}, \cdots, A^{(n)}, \cdots$ と変化させて，$I(A;B)$ の最大値を探すと，対象とする通信路に最も適した入力記号集合 A^* が明らかとなる．その最も適した入力

記号集合 A^* を用いたときの相互情報量を，その通信路の通信路容量という．

Note 7 12

通信路容量は，通信路の能力を表す尺度である．試験で学力を評価する場合，通常は全科目の平均（あるいは総計）で評価するが，通信路容量では，一番得意な科目の点（全科目の中での最高点）を用いて，その人の能力とみなす．この点に注意を要する．

例 7.3　次の通信路行列をもつ雑音のない通信路の通信路容量を求めてみよう．

$$\boldsymbol{T} = \begin{bmatrix} 1 & 0 & 0 & 0 \\ 0 & \frac{1}{4} & \frac{1}{4} & \frac{1}{2} \end{bmatrix} \tag{7.61}$$

ここで，送信記号（入力記号）の発生確率を $P(a_1) = x$，$P(a_2) = 1 - x$ とする．すなわち

$$A = \begin{Bmatrix} a_1 & a_2 \\ x & 1-x \end{Bmatrix} \tag{7.62}$$

式 (7.56) を用いて，相互情報量 $I(A;B)$ を x の関数として求める．

$$C = \max_x I(A;B) \tag{7.63}$$

$$= \max_x H(A) \tag{7.64}$$

$$= \max_x \{-x \log x - (1-x) \log(1-x)\} \tag{7.65}$$

$$= \max_x H(x) = 1 \quad \left(x = \frac{1}{2}\right) \tag{7.66}$$

ここで，エントロピー関数 $H(x)$ が $x = \dfrac{1}{2}$ のとき，最大値 1 をとる性質（3.1 節，あるいは 3.2 節の【性質 3.1】(22 ページ)）を用いている．

演習問題

Challenge □□□□

7-1 ★★★ 次のような送信記号集合 A と通信路行列 $\boldsymbol{T}$ で表される通信路について，以下の問いに答えなさい.

$$A=\begin{Bmatrix} a_1, & a_2 \\ \frac{3}{4}, & \frac{1}{4} \end{Bmatrix},\quad \boldsymbol{T}=\begin{bmatrix} \frac{2}{3} & \frac{1}{3} \\ \frac{1}{10} & \frac{9}{10} \end{bmatrix}$$

(1)　送信記号集合 A のエントロピー $H(A)$ を求めなさい.

(2)　受信記号集合 B を $B=\{b_1,\cdots,b_m\}$ とすると，m はいくつとなるか答えなさい.

(3)　通信路線図を描きなさい.

(4)　受信記号 $b_1,\cdots,b_m$ の生起確率 $P(b_1),\cdots,P(b_m)$ を求めなさい.

(5)　$P(a_k|b_\ell)$ $(k,\ \ell=1,2)$ を求めなさい.

Challenge □□□□

7-2 ★★ 次のような送信記号集合 A と通信路行列 $\boldsymbol{T}$ で表される通信路について，以下の問いに答えなさい.

$$A=\begin{Bmatrix} a_1, & a_2 \\ \frac{3}{4}, & \frac{1}{4} \end{Bmatrix},\quad \boldsymbol{T}=\begin{bmatrix} \frac{9}{10} & \frac{1}{10} & 0 & 0 \\ 0 & 0 & \frac{1}{5} & \frac{4}{5} \end{bmatrix}$$

(1)　通信路線図を描きなさい.

(2)　この通信路の名称を答えなさい.

(3)　相互情報量 $I(A;B)$ を求めなさい.

Challenge □□□□

7-3 ★★★ 次のような送信記号集合 A と通信路行列 $\boldsymbol{T}$ で表される通信路について，以下の問いに答えなさい.

$$A=\begin{Bmatrix} a_1, & a_2, & a_3, & a_4 \\ \frac{1}{2}, & \frac{1}{4}, & \frac{1}{8}, & \frac{1}{8} \end{Bmatrix},\quad \boldsymbol{T}=\begin{bmatrix} 1 & 0 \\ 1 & 0 \\ 0 & 1 \\ 0 & 1 \end{bmatrix}$$

(1)　通信路線図を描きなさい.

(2)　この通信路の名称を答えなさい.

(3)　相互情報量 $I(A;B)$ を求めなさい.

Challenge 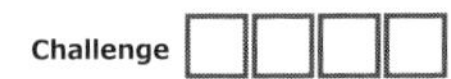

7-4 ★★★★ 次のような送信記号集合 A, 受信記号集合 B, 通信路行列 $\boldsymbol{T}$ で表される通信路について, 以下の問いに答えなさい.

$$A = \begin{Bmatrix} a_1, & a_2 \\ \dfrac{2}{3}, & \dfrac{1}{3} \end{Bmatrix}, \quad B = \begin{Bmatrix} b_1, & b_2, & b_3 \\ P(b_1), & P(b_2), & P(b_3) \end{Bmatrix}, \quad \boldsymbol{T} = \begin{bmatrix} \dfrac{3}{4} & \dfrac{1}{4} & 0 \\ 0 & 0 & 1 \end{bmatrix}$$

(1)　通信路線図を描きなさい.

(2)　送信記号集合 A のエントロピー $H(A)$ を求めなさい.

(3)　受信記号集合 B のエントロピー $H(B)$ を求めなさい.

(4)　相互情報量 $I(A;B)$ を求めなさい.

(5)　通信路容量 C を求めなさい.

Challenge 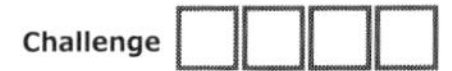

7-5 ★★★★★ 送信記号集合 $A = \{a_1, a_2\}$, 受信記号集合 $B = \{b_1, b_2\}$, 通信路行列 $\boldsymbol{T}$,

$$\boldsymbol{T} = \begin{bmatrix} 1-p & p \\ p & 1-p \end{bmatrix}$$

である通信路について, 以下の問いに答えなさい.

(1)　この通信路の名称を答えなさい.

(2)　確率 p は何と呼ばれるかを示しなさい.

(3)　$P(a_1) = x$, $P(a_2) = 1-x$ の場合, $P(b_1)$, $P(b_2)$ を求めなさい.

(4)　$x + p - 2px = \alpha$ とおき, $H(B)$ を α の関数として求めなさい.

(5)　$H(B|A)$ を求めなさい.

(6)　通信路容量 C の定義を示しなさい.

(7)　具体的に通信路容量 C を, $H(B)$ と $H(B|A)$ を用いて, p の関数として求めなさい.

(8)　$C = C(p)$ を図示しなさい.

第8章 通信路符号化

情報源符号化と対比させながら，通信路符号化を説明する．通信路符号化とは，通信路の外乱（雑音）により伝送中誤りが生じた場合，その誤りを検出・訂正するために，情報源符号化された記号列に，冗長部分（最短に対する意味で冗長）を組織的に加える符号化で，通信の信頼性を向上させる．誤り確率ゼロの伝送を行うためには，伝送速度に上限があり，それを示すのが，通信路符号化定理（シャノンの第2基本定理）である．

Keywords ①シャノン・ファノの通信システムのモデル，②通信路符号化，③通信路符号化定理（シャノンの第2基本定理）

8 1 シャノン・ファノの通信システムのモデル

第7章までにおいて，情報量から始まり，情報源，情報源符号化，通信路と順次扱ってきた．ここで，通信システムの全体像を把握するために，シャノン・ファノの通信システムのモデルを**図8.1**として再記するが，これにより通信の全容を把握できる．

情報理論は，大きく分けて**通信理論**（communication theory）の部分と，**符号理論**（coding theory）の部分に分けられる．本章までが通信理論の部分で，本章を基礎とした符号理論の部分が第9章から続くこととなる．

8 2 通信路符号化とは？

図8.1に示したように，通信路には一般に外乱（雑音）が存在し，正しい情報の伝送が妨げられる．それに対抗して，送られてきた記号の誤りを検出・訂正して，正しく受信記号が得られるような符号化を通信路のために行うの

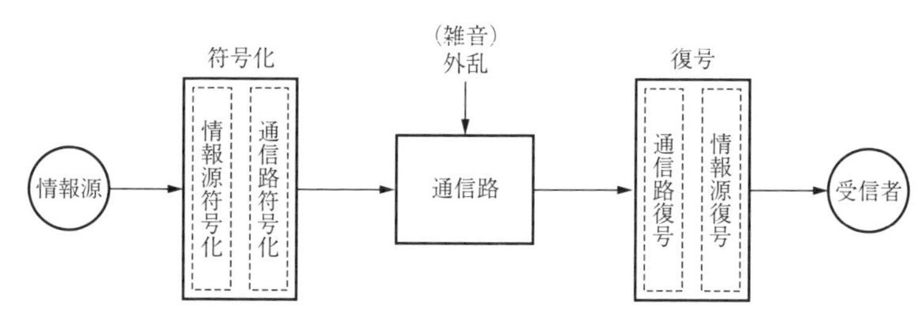

図 8.1　シャノン・ファノの通信システムのモデル（図 1.2 再掲）

が，**通信路符号化**（channel coding）である．すなわち，通信路符号化は「通信路のための符号化」であり，情報源符号化は「情報源それ自身の符号化」であった．

実際は，符号化とは 2 つあり，まず情報源符号化をして，その後，通信路符号化を行うこととなる．したがって，復号では，通信路復号が先で情報源復号がそれに続く順となる．

通信路符号化の目的は，信頼性の向上であるが，それにはコストがかかる．すなわち，最短で符号化されたものに，新たに冗長部分（最短の意味からは冗長）を付け足す必要が生じる．

符号 = 情報部分 + 冗長部分

情報源符号化と通信路符号化の違いを明確にするために，**表 8.1** を示す．

表 8.1　情報源符号化と通信路符号化の比較（表 1.1 ＋[指針]）

	最終目標	実現理念	符号の長さ	定　理	指　針
情報源符号化	効率化	エネルギー・時間の節約	最短符号の実現	情報源符号化定理（シャノンの第 1 基本定理）	$L \geq H(S)$
通信路符号化	信頼性の向上	誤りの検出・訂正	冗長性の付加	通信路符号化定理（シャノンの第 2 基本定理）	$R \leq C^*$

a，b を伝送する場合，情報源符号化において，最短符号として

$$\begin{aligned} &\mathrm{a} \to 0 \\ &\mathrm{b} \to 1 \end{aligned} \tag{8.1}$$

と符号化したとする．これをそのまま送ると通信路の雑音により，0 が 1 に，1 が 0 となって送られる可能性がある．その場合にも，正しい伝送を保障するため，式 (8.2) に示すように，なにがしかの冗長部分を情報部分に付け加える．その付け加え方を考えるのが通信路符号化である．

$$\begin{aligned} &\mathrm{a} \to 0 + [\text{冗長部分}] \\ &\mathrm{b} \to 1 + [\text{冗長部分}] \end{aligned} \tag{8.2}$$

一般には，与えられた情報部分に対して，どのような規則で冗長部分を構成するかを決定することが必要となる．非常に簡易な方法を実行すれば

$$\begin{aligned} &\mathrm{a} \to 0 + 00 \to 000 \\ &\mathrm{b} \to 1 + 11 \to 111 \end{aligned} \tag{8.3}$$

と，情報源符号化による符号へ，冗長部分としてそれと同じ 2 個の記号を付け加えることで実現できる．これが最良の方法ではないが，これにより，1/3 の誤りは訂正できる．すなわち，010 と受信した場合，000 の間違いであろうと判断し，多数決で a と判定できるわけである．この例では，符号と同じ記号を繰り返したが，どのような規則により冗長性を加えることが有効であるかが問題となる．これを解決するのが**誤り検出・訂正符号**（error-detecting・correcting code）であり，種々の具体的符号化法が提案されている．誤り検出・訂正符号の重要な 1 クラスが**線形符号**（linear code）である．線形符号は，情報源符号化により構成された符号（情報ビット）と誤り検出・訂正をするために加える冗長部分（検査ビット）の関係が線形関係をもつように構成される符号である．特にその線形符号の中で，**巡回符号**（cyclic code）は非常にきれいな数理的構造をもつ符号である．これらについては，次章以降で詳述する．

8.3 通信路符号化定理

表 8.1 にあるように，情報源符号化には情報源符号化定理（シャノンの第 1 基本定理）が存在し，それについてはすでに 5 章で述べた．ここでは，通信路符号化における基本的定理，**通信路符号化定理** (channel coding theorem)（シャノンの第 2 基本定理）について，その意味するところを簡単に述べる．証明については本書の程度を越えるので割愛する．

定理 8.1《通信路符号化定理》（シャノンの第 2 基本定理）

通信路容量 C^*〔bit/秒〕の通信路を，伝送速度 R〔bit/秒〕で情報を送るとき，

$$R \leq C^* \tag{8.4}$$

ならば，適切な通信路符号化を行うことにより，誤り確率が限りなくゼロに近い伝送が可能である．

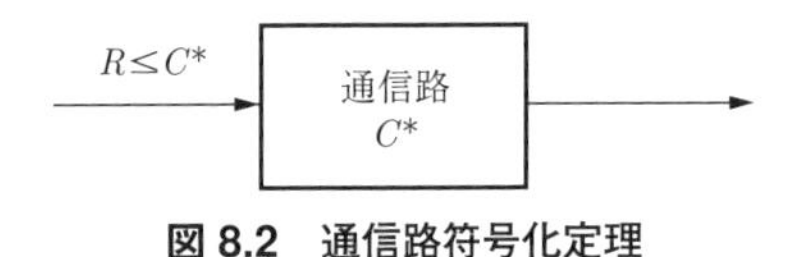

図 8.2　通信路符号化定理

Note 8 1

7.8 節において通信路容量 C を定義したが，そのときは，$C = \max I(A;B)$〔bit/送信記号〕であったために，ここでは単位の変換をする必要がある．すなわち

$$C^* = kC \quad \text{〔bit/秒〕} \tag{8.5}$$

ここで

$$k = \{\text{単位時間当たり伝送される記号数}\} \quad \text{〔送信記号/秒〕} \tag{8.6}$$

Note 8 2

逆に $R > C^*$ の場合は，誤り確率が 0 の伝送は不可能であることが証明されている．

情報源符号化定理が，$L \to H(S)/\log r$ という指針だけを示して具体的情報源符号化法は与えていないと同様に，通信路符号化定理は，$R \leq C^*$ という指針を示しているだけであり，具体的な通信路符号化法を与えているわけではない．通信路の能力以下の伝送速度（$R \leq C^*$）で情報を伝送する場合，「もし

皆さんが有能ならば，正確な伝送が可能ですよ．頑張って良い方法を考えなさい」と指針を示しているのである．

8 4* 情報源符号化定理と同値な雑音のない通信路の符号化定理

平均符号長 L の r 元符号を，雑音のない通信路を通して伝送することを考える．

1 個の符号を構成する記号（符号構成記号，送信記号）を 1 個伝送するために τ 秒必要であるとする．平均符号長 L の符号語（1 個の情報源記号に対応）を 1 個伝送するには，符号語は L 個の符号構成記号から構成されているので，τL 秒が必要である．したがって，符号語を伝送する速度 $\hat{R}$ は

$$\hat{R} = \frac{1}{\tau L} \quad \text{〔情報源記号/秒〕} \tag{8.7}$$

ここで，雑音のない通信路の通信路容量 C〔bit/送信記号〕は

$$\begin{aligned} C &= \max_{\left\{ \substack{P(a_k)(k=1,\cdots,n) \\ \sum_{k=1}^{n} P(a_k)=1} \right\}} I(A;B) \\ &= \max\,[H(A) - H(A|B)] \\ &= \max H(A) \quad (\because \text{雑音のない通信路なので } H(A|B)=0) \\ &= \log r \quad \text{〔bit/送信記号〕} \end{aligned} \tag{8.8}$$

> **Note 8 3**
>
> 7.7 節で示したように，雑音のない通信路では $H(A|B)=0$ となり，$I(A;B) = H(A)$ となる．また $H(A)$ は，3.2 節の【性質 3.1】(22 ページ) より，A の要素が等確率 $1/r$ で生起するとき最大であり，その最大値は $\log r$ となる．

ここで，通信路容量の単位を変換する．式 (8.5) と (8.6) において，$k = 1/\tau$ となるので

$$C^* = \frac{C}{\tau} = \frac{\log r}{\tau} \tag{8.9}$$

$$\therefore \frac{1}{\tau} = \frac{C^*}{\log r} \tag{8.10}$$

式 (8.10) を式 (8.7) へ代入すると

$$\hat{R} = \frac{C^*}{L \log r} \tag{8.11}$$

ここで，$\hat{R}$ を最大にするためには，L を最短にする必要がある．5.6 節の情報源符号化定理【定理 5.1】(75 ページ) から，式 (5.46) のように，L を $H(S)/\log r$ まで短くできる符号化法が存在することがいえるので

$$\hat{R} = \frac{C^*}{L \log r} \to \frac{C^*}{H(S)} \tag{8.12}$$

すなわち，$C^*/H(S)$ まで高速な伝送を可能とする符号化法が，存在することがわかり，次の定理が求まる．

定理 8.2《雑音のない通信路の符号化定理》（シャノンの第 1 基本定理）

無記憶情報源 S の情報を，通信路容量 C^*〔bit/秒〕の通信路を通して伝送するとき

$$\frac{C^*}{H(S)} \quad \text{〔情報源記号/秒〕} \tag{8.13}$$

に限りなく近い高速度で情報を伝送する符号化法が存在する．

【定理 8.2】は【定理 5.1】の情報源符号化定理と同値であるため，【定理 8.2】を情報源符号化定理と呼ぶこともある．

Advance Note 8 4

第 6 章でも述べたように，拡大情報源に対する，ハフマン符号が，【定理 8.2】の具体的な符号化法の 1 つとなることがわかっている．

演習問題

Challenge □□□□

8-1 ★★ 符号化には，2 種類のタイプがある．以下の問いに答えなさい．

(1) 2 種類の符号化は，何符号化と何符号化か，その名称を答えなさい．

(2) 各々の符号化について，その目標と実現の理念を説明し，その差異が明らかとなるように，2 元情報源 $S = \{a, b\}$ を受信者に伝送する場合を例にとり，説明しなさい．

(3) 各々の符号化の性質を明らかにする定理の名称と，その内容を説明しなさい．

Challenge □□□□

8-2 ★★ シャノン・ファノの通信システムのモデルを描きなさい．

第9章

誤り検出と訂正

通信路符号化における基本的考え方を示す．通信路符号化においては，情報源符号化による符号で構成される情報ビットに，検査ビットとして冗長部分を加える必要があり，本質的に冗長性（最短符号構成に対する意味）が必要である．情報ビットが与えられたときに，どのようなルールによって検査ビットを決定するかが，重要な課題であるが，そのうちでまず最も簡単なパリティ検査（パリティチェック）を説明する．誤りの程度を表す尺度として，ハミング距離の概念を紹介し，誤り検出と訂正の原理を考察する．

Keywords ①パリティ検査（パリティチェック），②ハミング距離，③ハミング重み，④符号 C の最小ハミング距離，⑤誤り空間

9 1 冗長性

通信路符号化をするときは，情報源符号化により構成された符号語（情報部分，あるいは2元符号のときは，**情報ビット**（information bit）と呼ぶ）をもとにして，それに意識的に冗長部分（検査部分，2元符号のときは，**検査ビット**（check bit）と呼ぶ）を加え，**冗長性**（redundancy）を与える．

符号語 = 情報部分（情報ビット）+ 検査部分（検査ビット）

“冗長”と言う言葉は，不要なものとの響きがあるが，ここでは“最短”という意味に対して冗長であるという意味である．

9 2 パリティ検査（パリティチェック）

冗長部分を，ルールを決めて組織的に加える最も簡単な方法の1つである**パリティ検査**（**パリティチェック**，parity check）を説明する．

符号語 $\boldsymbol{u} = (u_1, \cdots, u_{n+1})$ を，情報ビット $\boldsymbol{x} = (x_1, \cdots, x_n)$ と検査ビット p (1 bit) から構成する．

$$\boldsymbol{u} = (\boldsymbol{x}, p) \tag{9.1}$$

$$(u_1, \cdots, u_{n+1}) = (x_1, \cdots, x_n, p) \tag{9.2}$$

ここで

$$\left.\begin{array}{ll} u_k \in \{0,1\} & (k = 1, \cdots, n+1) \\ x_k \in \{0,1\} & (k = 1, \cdots, n) \\ p \ \ \in \{0,1\} & \end{array}\right\} \tag{9.3}$$

とする．すなわち，すべての記号は 0 か 1 であり，$\boldsymbol{u}$ は 2 元符号である．

以下のような規則で p を決定する．

[偶数パリティ]

$$x_1 + \cdots + x_n + p = 0 \quad \therefore p = x_1 + \cdots + x_n \tag{9.4}$$

[奇数パリティ]

$$x_1 + \cdots + x_n + p = 1 \quad \therefore p = x_1 + \cdots + x_n + 1 \tag{9.5}$$

p の決め方により，**偶数パリティ**（even parity），あるいは**奇数パリティ**（odd parity）と呼ぶ．

式 (9.4)，(9.5) においては，従来の足し算（加法）をするのではなく，次のような加法を行う．

$$\left.\begin{array}{l} 0+0 \ = 0 \\ 0+1 \ = 1 \\ 1+0 \ = 1 \\ 1+1 \ = 0 \end{array}\right\} \tag{9.6}$$

このような加法は **2 を法とする加法**（modulo 2 addition）といい，mod2 と略記する．

また，式 (9.4)，(9.5) の左式から右式に変形する過程では，$1+1=0$ から $1 = -1$ であることを用いる．2 を法とする演算では，加法と減法が同じとなる．

偶数あるいは奇数というのは，符号 $\boldsymbol{u}$ の中，すなわち $x_1 \cdots x_n p$ の中に，

1 が偶数個あるように p を決定するのが偶数パリティ，奇数個あるように p を決定するのが奇数パリティである．パリティ検査（パリティチェック）は，符号 $\boldsymbol{u}$ の中にある 1 の数が偶数，あるいは奇数のどちらかを事前に決定し，情報ビット $\boldsymbol{x}$ が与えられたときに，そのルールにより，検査ビット p を決める誤り検出符号化である．

事前に偶数パリティで送信しているか，奇数パリティで送信しているかを，受信側は送信側に聞いておけば，例えば偶数パリティの場合は，誤りが高々 1 個の仮定の下では式 (9.7) のように，誤りが検出（訂正ではない）できる．$\boldsymbol{u} = (u_1, \cdots, u_{n+1})$ が送信され，$\boldsymbol{y} = (y_1, \cdots, y_{n+1})$ を受信したとする．

$$y_1 + \cdots + y_{n+1} = \begin{cases} 0 & (\text{誤りなし}) \\ 1 & (\text{誤りあり}) \end{cases} \tag{9.7}$$

すなわち，$\sum_{k=1}^{n+1} y_k = 0$ か $\sum_{k=1}^{n+1} y_k \neq 0$ によって，誤りの存在を判定できる．

例 9.1

$$\boldsymbol{x} = 1001101 \tag{9.8}$$

に対して，偶数パリティなら

$$1+0+0+1+1+0+1+p = 0 \quad \therefore p = 0 \tag{9.9}$$

奇数パリティなら

$$1+0+0+1+1+0+1+p = 1 \quad \therefore p = 1 \tag{9.10}$$

となる．

パリティ検査は，単一誤り検出だけの最も簡単な線形符号（第 10 章で取り扱う）の特殊な場合である．検査ビットの数を増やすことにより，誤りを検出するだけでなく，訂正も可能な符号を構成できる．

9.3 ハミング距離

距離には数学的に満足すべき条件がある．それらを満足して距離と呼ばれるものは種々あるが，情報理論では，2 つの 0, 1 の記号系列 $\boldsymbol{x} = x_1 \cdots x_n$,

$\boldsymbol{y} = y_1 \cdots y_n$ を比較し，それらの距離（隔たり）$h(\boldsymbol{x}, \boldsymbol{y})$ を次のように定義する．

$$h(\boldsymbol{x}, \boldsymbol{y}) = \sum_{k=1}^{n} \delta\left(x_k, y_k\right) \tag{9.11}$$

ここで

$$\delta\left(x_k, y_k\right) = \begin{cases} 0 & (x_k = y_k) \\ 1 & (x_k \neq y_k) \end{cases} \tag{9.12}$$

$h(\boldsymbol{x}, \boldsymbol{y})$ を**ハミング距離**（hamming distance）と呼ぶ．ハミング距離は，式 (9.11) の定義からわかるように，比較する記号列の異なる場所がいくつあるかを表す．

Advance Note 9 1

式(9.11) の $h(\boldsymbol{x}, \boldsymbol{y})$ が，距離であるためには，下記の【距離の公理】の３条件を満足する必要がある．

【距離の公理】

(1) $h(\boldsymbol{x}, \boldsymbol{y}) = 0$，逆に $h(\boldsymbol{x}, \boldsymbol{y}) = 0$ ならば $\boldsymbol{x} = \boldsymbol{y}$ (9.13)

(2) $h(\boldsymbol{x}, \boldsymbol{y}) = h(\boldsymbol{y}, \boldsymbol{x})$ (9.14)

(3) $h(\boldsymbol{x}, \boldsymbol{y}) + h(\boldsymbol{y}, \boldsymbol{z}) \geq h(\boldsymbol{x}, \boldsymbol{z})$ (9.15)

その証明は，本章の演習問題 9.4 に譲る．

Note 9 2

ハミング距離の定義， 式(9.11) は，次のようにも書ける．

$$h(\boldsymbol{x}, \boldsymbol{y}) = \sum_{k=1}^{n} |x_k - y_k| \tag{9.16}$$

ここで，|　| は絶対値を表す．また次のようにも書ける．

$$h(\boldsymbol{x}, \boldsymbol{y}) = \sum_{k=1}^{n} (x_k - y_k)^2 \tag{9.17}$$

例 9.2

$$x = 1\ 0\ 0\ 1\ 0\ 1 \tag{9.18}$$

$$\quad\quad \updownarrow \quad \updownarrow\ \updownarrow$$

$$y = 1\ 0\ 1\ 1\ 1\ 0 \tag{9.19}$$

この場合は，異なる箇所は 3 箇所であり，$h(\boldsymbol{x}, \boldsymbol{y}) = 3$ となる．

例 9.3　**図 9.1** において，3 個の 0, 1 からなる系列 $\boldsymbol{x} = x_1x_2x_3$ は，立方体の頂点の位置に対応し，2 個の記号列 $\boldsymbol{x}^{(1)}$，$\boldsymbol{x}^{(2)}$ のハミング距離 $h(\boldsymbol{x}^{(1)}, \boldsymbol{x}^{(2)})$ は，その間を結ぶ辺の数と一致する．たとえば，$\boldsymbol{x}^{(1)} = 000$，$\boldsymbol{x}^{(2)} = 111$ の間のハミング距離は，$h(\boldsymbol{x}^{(1)}, \boldsymbol{x}^{(2)}) = 3$ である．

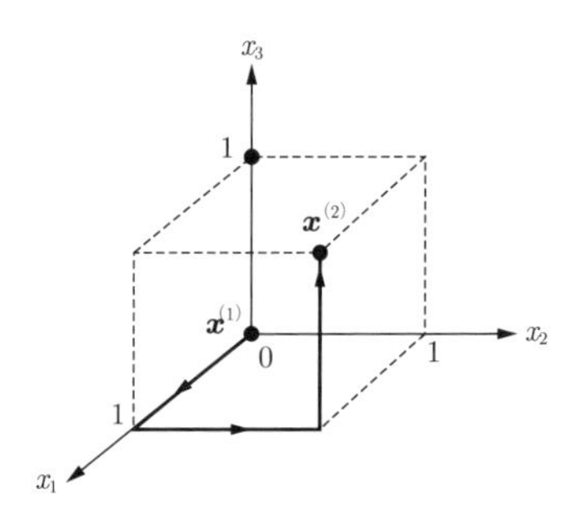

図 9.1　3 次元空間におけるハミング距離

次に，$\boldsymbol{x} = x_1 \cdots x_n$ の**ハミング重み**（Hamming weight）を式 (9.20) のように定義する．

$$w(\boldsymbol{x}) = h(\boldsymbol{0}, \boldsymbol{x}) \tag{9.20}$$

$\boldsymbol{0} = 0 \cdots 0$ とのハミング距離なので，$\boldsymbol{x}$ 中の 1 の個数を表す．

ハミング距離 $h(\boldsymbol{x}, \boldsymbol{y})$ は，このハミング重みを用いて，次のように表すことができる．

$$h(\boldsymbol{x}, \boldsymbol{y}) = w(\boldsymbol{x} - \boldsymbol{y}) = w(\boldsymbol{x} + \boldsymbol{y}) \tag{9.21}$$

ここで，符号 $C = \{\boldsymbol{c}_1, \boldsymbol{c}_2, \cdots, \boldsymbol{c}_n\}$ について，その符号のもつ性質を規定する**符号 C の最小ハミング距離**（minimum Hamming distance of C）$d_{\min}(C)$

を次のように定義する．

$$d_{\min}(C) = \min_{\substack{\forall(\boldsymbol{c}_k, \boldsymbol{c}_\ell) \\ k \neq \ell}} h(\boldsymbol{c}_k, \boldsymbol{c}_\ell) \tag{9.22}$$

式 (9.22) の意味を考えてみよう．

符号 C の中の任意の符号語対に対してハミング距離を求め，その中で最小の値を，その符号 C を特徴づける**最小ハミング距離** (minimum Hamming distance) と呼ぶ．この値が大きいほど，符号語がお互いに離れており，少しの誤りに対しては影響を受けなくなる．したがって，この値の大きい符号ほど，誤りに強いといえる．

9.4 誤り検出と訂正の原理

送られてきた記号が誤っているかどうかを判定し，もし誤っていれば訂正できるかどうかを考える，というように，**誤り検出** (error detection) と誤り訂正 (error correction) は，訂正の方が難しく，訂正は検出が前提となる．すなわち検出できても訂正できないことがあり得る．2 元符号の場合のみは，検出でき，その上間違いの場所さえわかれば，訂正できる．なぜなら，0 か 1 なので間違った記号が 1 なら 0 にすればよい．しかし，たとえば 3 元符号 $(0, 1, 2)$ のときは，間違った記号が 1 でも，0 に訂正してよいのか，2 に訂正すべきかわからない．

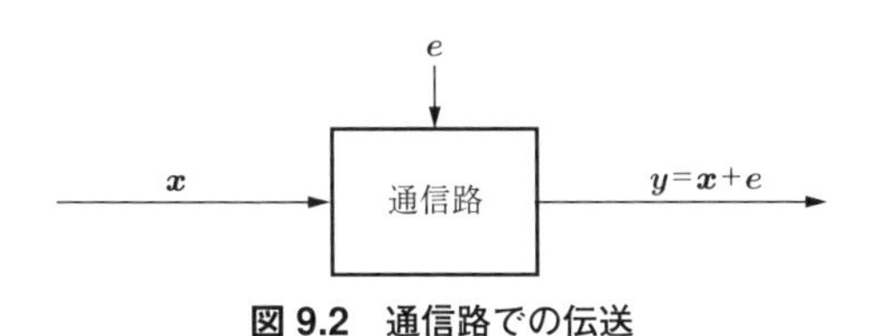

図 9.2　通信路での伝送

図 9.2 のように，送信記号ベクトル $\boldsymbol{x}$，受信記号ベクトル $\boldsymbol{y}$，誤りベクトル $\boldsymbol{e}$ とすると

$$\boldsymbol{y} = \boldsymbol{x} + \boldsymbol{e} \tag{9.23}$$

と表せる．ここで，送信記号として，符号 $C = \{\boldsymbol{c}_1, \boldsymbol{c}_2, \cdots, \boldsymbol{c}_n\}$ の中の符号語 $\boldsymbol{c}_k$ と $\boldsymbol{c}_\ell$ を伝送することとすると

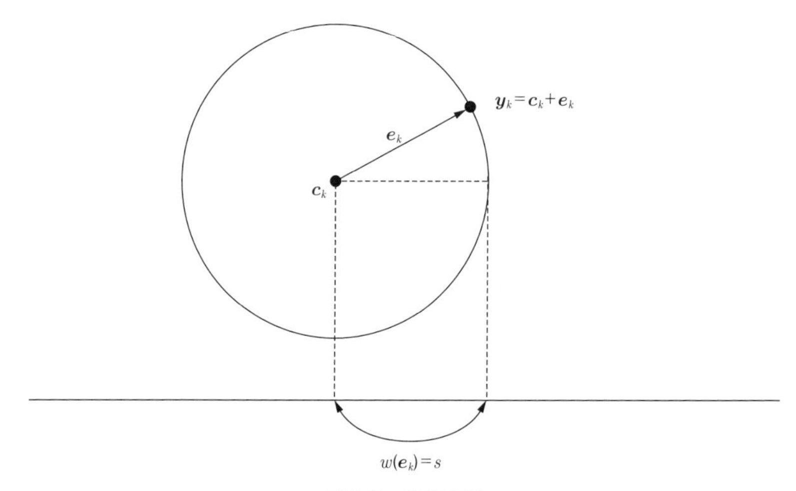

図 9.3　誤り空間

$$\boldsymbol{y}_k = \boldsymbol{c}_k + \boldsymbol{e}_k \tag{9.24}$$

$$\boldsymbol{y}_\ell = \boldsymbol{c}_\ell + \boldsymbol{e}_\ell \tag{9.25}$$

式 (9.24) で表される n 次元ベクトル格子空間を模式的に 2 次元平面に図示すると，**図 9.3** のように n 次元ベクトル空間中の $\boldsymbol{c}_k$ を中心とし，半径 $\boldsymbol{e}_k$ の超球体の表面全域の格子点が雑音により誤った受信信号 $\boldsymbol{y}_k$ の存在場所となる．これを符号語 $\boldsymbol{c}_k$ の**誤り空間** (error space) と呼ぶ．同様なことが，$\boldsymbol{y}_\ell$ についてもいえる．実際は連続空間ではなく，離散的格子点のみであるが，直感的図であるので，格子は図示しない．

ここで，s 個の誤りの場合を考える．$\boldsymbol{y}_k$ が s 個の誤りを含むとは，$\boldsymbol{e}_k$ の中に s 個の 1 が存在することを意味する．すなわち $w(\boldsymbol{e}_k) = s$ である．この場合は，半径 s の超球体の表面全域が $\boldsymbol{y}_k$ の存在場所となり，“s 個以下の誤り” の場合，すなわち $w(\boldsymbol{e}_k) \leq s$ の場合は，半径 s の超球体の内部全域の格子点となる．

このことを踏まえて，以下に「s 個以下の誤りの検出」と「t 個以下の誤りの訂正」について，各々どのような制約が符号 C に必要かを考える．

9.4.1　s 個以下の誤りの検出

図 9.4(a) における 2 つの円（実際は超球体）が，どこまで近づくと検出が

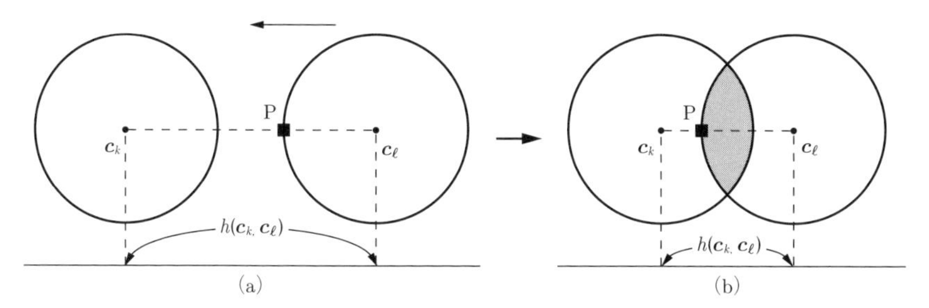

図 9.4　誤り空間（交差）

不可能となるかを考えてみよう．例えば，右の円の最左端 P に着目する．これが受信されたとき，これが誤っているかどうかの判定は，2 つの円の位置関係が，どこまで接近することが許容できるかに依存する．交わっていなければ（図 9.4(a)），全く問題はない．図 9.4(b) のように少し交わったとしよう．このとき，点 P の記号は，右の円（$\boldsymbol{c}_\ell$ の誤り空間）上なので $\boldsymbol{c}_\ell$ が誤った受信記号を示す．しかし点 P はまた，左の円（$\boldsymbol{c}_k$ の誤り空間）内にもあるため，$\boldsymbol{c}_k$ が誤って生じた受信記号とも考えられる．どちらが誤っているとしても，誤っていると検出できる．すなわち，その限界を示すと，**図 9.5** のように点 P が，符号語 $\boldsymbol{c}_k$ よりも右にハミング距離で少なくとも 1 離れていることが必要である．したがって，符号 C の最小ハミング距離が，次の制約条件式 (9.26) を満たすときに，s 個以下の誤りが検出できる．

$$d_{\min}(C) \geq s + 1 \tag{9.26}$$

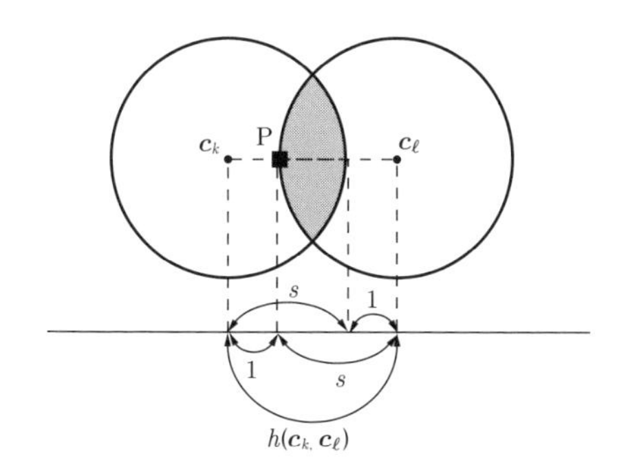

図 9.5　s 個以下の誤りの検出原理

9.4.2　t 個以下の誤りの訂正

次に誤りの訂正の場合を考えてみよう．9.4.1 項の「誤りの検出」で理解できたと思うが，左右の円が交わった場合は，その交わった部分にある受信記号は，どちらが誤った結果なのかが判定できない．どちらが誤ったかの判定ができないと言うことは，誤りの検出はできても，訂正ができないことを意味する．したがって，誤りの訂正をするには，2 つの円が最低限交わってはいけない．すなわち左の円の右端と右の円の左端が少なくともハミング距離で 1 だけ離れている必要がある．この状態を図示したのが，**図 9.6** である．

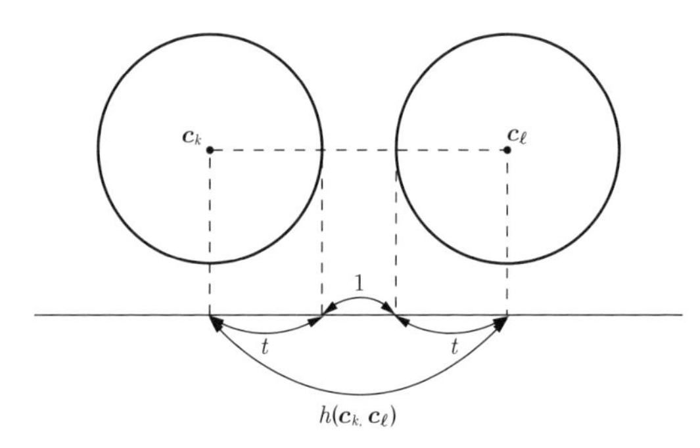

図 9.6　t 個以下の誤りの訂正原理

図 9.6 の状況から符号 C の最小ハミング距離が，次の制約条件式 (9.27) を満たすとき，t 個以下の誤りが訂正できる．

$$d_{\min}(C) \geq 2t + 1 \tag{9.27}$$

式 (9.26) と式 (9.27) を比較してみると，誤りの検出と訂正の違いが明白である．

演習問題

Challenge □□□□

9-1 ★
記号列 $\boldsymbol{x} = 1010110$ を偶数パリティで送信するには，検査ビット p をいくらにすればよいか答えなさい．

Challenge □□□□

9-2 ★
次の 2 つの記号列 $\boldsymbol{x}$，$\boldsymbol{y}$ について，以下の問いに答えなさい．

$$\boldsymbol{x} = 01101$$
$$\boldsymbol{y} = 11001$$

(1)　ハミング距離 $h(\boldsymbol{x}, \boldsymbol{y})$ を求めなさい．
(2)　ハミング重み $w(\boldsymbol{x})$ と $w(\boldsymbol{y})$ を求めなさい．

Challenge □□□□

9-3 ★★
次の符号 C について，以下の問いに答えなさい．

$$C = \{\boldsymbol{c}_1, \boldsymbol{c}_2, \boldsymbol{c}_3\}$$

ここで

$$\boldsymbol{c}_1 = 101010, \quad \boldsymbol{c}_2 = 101000, \quad \boldsymbol{c}_3 = 011010$$

(1)　$\boldsymbol{c}_1$ と $\boldsymbol{c}_2$ の間のハミング距離 $h(\boldsymbol{c}_1, \boldsymbol{c}_2)$ を求めなさい．
(2)　$\boldsymbol{c}_1$ のハミング重み $w(\boldsymbol{c}_1)$ を求めなさい．
(3)　符号 C の最小ハミング距離 $d_{\min}(C)$ を求めなさい．

Challenge □□□□

9-4 ★★★
任意の n 個の記号系列（n 次元ベクトル）$\boldsymbol{x}$，$\boldsymbol{y}$，$\boldsymbol{z}$ に対して，ハミング距離が次の 3 つの性質（距離の公理）を満足することを示しなさい．

(1)　$h(\boldsymbol{x}, \boldsymbol{x}) = 0$，逆に $h(\boldsymbol{x}, \boldsymbol{y}) = 0$ ならば $\boldsymbol{x} = \boldsymbol{y}$
(2)　$h(\boldsymbol{x}, \boldsymbol{y}) = h(\boldsymbol{y}, \boldsymbol{x})$
(3)　$h(\boldsymbol{x}, \boldsymbol{y}) + h(\boldsymbol{y}, \boldsymbol{z}) \geq h(\boldsymbol{x}, \boldsymbol{z})$

Challenge □□□□

9-5 ★★★★ 次の 2 元対称通信路 T に対して，以下の問いに答えなさい．

$$\boldsymbol{T} = \begin{bmatrix} 1-p & p \\ p & 1-p \end{bmatrix}$$

(1) p を何と呼ぶか，答えなさい．

(2) 通報 $\boldsymbol{x}_1 = 101010$ を送信し，$\boldsymbol{y}_1 = 100110$ を受信した場合，$\boldsymbol{x}_1$ と $\boldsymbol{y}_1$ のハミング距離 $h(\boldsymbol{x}_1,\ \boldsymbol{y}_1)$ を求めなさい．

(3) (2) の場合の $P(\boldsymbol{y}_1|\boldsymbol{x}_1)$ を求めなさい．

(4) 一般に長さ n の通報 $\boldsymbol{x}$ を送信し，$\boldsymbol{y}$ が受信されるとき，その間のハミング距離が $h(\boldsymbol{x}, \boldsymbol{y}) = \alpha$ の場合，$P(\boldsymbol{y}|\boldsymbol{x})$ はどのように表されるかを答えなさい．

第10章 線形符号

符号理論における基本的な符号である線形符号を定義し，その性質を考察する．符号生成に関連する生成行列 $\boldsymbol{G}$，誤り検出・訂正に関連する検査行列 $\boldsymbol{H}$ とシンドローム $\boldsymbol{s}$ を定義し，その性質を解明する．シンドローム $\boldsymbol{s}$ を用いて，誤りの検出・訂正が可能であることがわかる．

Keywords　①線形符号，②生成行列 $\boldsymbol{G}$，③検査行列 $\boldsymbol{H}$，④シンドローム $\boldsymbol{s}$

10 1 組織符号

符号において，情報部分と検査部分が明確に分離できるものを**組織符号** (systematic code) と呼ぶ．

$$\text{符号} = \text{情報部分（情報ビット）} + \text{検査部分（検査ビット）} \tag{10.1}$$

$$(u_1, \cdots, u_n) = (x_1, \cdots, x_k, p_1, \cdots, p_{n-k}) \tag{10.2}$$

符号長 n で情報部分 k〔bit〕の組織符号を $\boldsymbol{(n,k)}$ **符号** ((n,k) code) と呼ぶ．

10 2 2元 (n,k) 符号

以下においては，2元 (n,k) 符号について考える．したがって，すべての変数やパラメータは，0あるいは1である．

$$\boldsymbol{u} = (\boldsymbol{x}^T, \boldsymbol{p}^T) = (\underbrace{x_1, \cdots, x_k,}_{\text{情報ビット}} \quad \underbrace{p_1, \cdots, p_{n-k}}_{\text{検査ビット}}) \tag{10.3}$$

ここで

$$\boldsymbol{u} = (u_1, \cdots, u_n) \tag{10.4}$$

$$\boldsymbol{x} = \begin{pmatrix} x_1 \\ \cdot \\ \cdot \\ \cdot \\ x_k \end{pmatrix}, \quad \boldsymbol{p} = \begin{pmatrix} p_1 \\ \cdot \\ \cdot \\ \cdot \\ p_{n-k} \end{pmatrix} \tag{10.5}$$

$$\begin{aligned} & u_i \in \{0,1\} \quad (i = 1, \cdots, n) \\ & x_i \in \{0,1\} \quad (i = 1, \cdots, k) \\ & p_i \in \{0,1\} \quad (i = 1, \cdots, n-k) \end{aligned} \tag{10.6}$$

10 3 生成行列 G

情報ビットが与えられたときに，なにがしかのルールに従って検査ビットを構成するのが通信路符号化，いわゆる誤り検出・訂正符号化である．そこで，情報ビットと検査ビットの間に，次のような線形関係を仮定する．

$$\boldsymbol{p} = \boldsymbol{P}\boldsymbol{x} \tag{10.7}$$

ここで，$\boldsymbol{P}$ を**情報・検査ビット関連行列**（information・check bit relation matrix）と呼び，次のように表す．

$$\boldsymbol{P} = \begin{bmatrix} p_{11} & \cdot & \cdot & \cdot & p_{1k} \\ \cdot & \cdot & \cdot & \cdot & \cdot \\ \cdot & \cdot & \cdot & \cdot & \cdot \\ \cdot & \cdot & \cdot & \cdot & \cdot \\ p_{n-k1} & \cdot & \cdot & \cdot & p_{n-kk} \end{bmatrix} \tag{10.8}$$

$$\forall i,\ \ell \quad p_{i\ell} \in \{0,1\} \tag{10.9}$$

情報ビットと検査ビットが，式 (10.7) のような線形関係をもつ符号を，**線形符号**（linear code）という．線形符号では，情報・検査ビット関連行列 $\boldsymbol{P}$ が重要な役割を果たす．

Note 10 1

線形符号とは，具体的符号の 1 つではなく，符号の中の 1 クラスである．すなわち，第 11 章の巡回符号などが具体的な線形符号である．具体的な符号化法が決まれば，それにより $\boldsymbol{P}$ が決まる．本章の議論は，線形符号のクラスに属するすべての符号について成り立つ議論である．

性質 10.1

情報ビット $\boldsymbol{x}$ が与えられれば，次のように符号 $\boldsymbol{u}$ が求まる．

$$\boldsymbol{u} = \boldsymbol{x}^T \boldsymbol{G} \tag{10.10}$$

ここで

$$\boldsymbol{G} = [\boldsymbol{I}_k, \boldsymbol{P}^T] = \begin{bmatrix} 1 & & & & p_{11} & \cdot & \cdot & \cdot & p_{n-k1} \\ & \cdot & 0 & & \cdot & \cdot & \cdot & \cdot & \cdot \\ & & \cdot & & \cdot & \cdot & \cdot & \cdot & \cdot \\ & 0 & & \cdot & \cdot & \cdot & \cdot & \cdot & \cdot \\ & & & 1 & p_{1k} & \cdot & \cdot & \cdot & p_{n-kk} \end{bmatrix} \tag{10.11}$$

$\boldsymbol{I}_k$ は，$k \times k$ 単位行列である．

証明

式 (10.3) に式 (10.7) の両辺を転置して代入すると

$$\boldsymbol{u} = (\boldsymbol{x}^T, \boldsymbol{p}^T) = (\boldsymbol{x}^T, \boldsymbol{x}^T \boldsymbol{P}^T) = \boldsymbol{x}^T \underbrace{[\boldsymbol{I}_k, \boldsymbol{P}^T]}_{\boldsymbol{G}} = \boldsymbol{x}^T \boldsymbol{G} \tag{10.12}$$

情報ビット $\boldsymbol{x}^T$ を与えることにより，符号 $\boldsymbol{u}$ が生成できるので，この行列 $\boldsymbol{G}$ を**生成行列**（generator matrix）と呼ぶ．このように行列の一部が単位行列となるような簡単な形式を，**既約台形正準形**（reduced echelon canonical form）という．

例 10.1　情報・検査ビット関連行列 $\boldsymbol{P}$ が次のように与えられたとする．

$$\boldsymbol{P} = \begin{bmatrix} 1 & 1 & 1 & 0 \\ 0 & 1 & 1 & 1 \\ 1 & 1 & 0 & 1 \\ 1 & 0 & 1 & 1 \end{bmatrix} \tag{10.13}$$

ここで，式 (10.11) より，生成行列 $\boldsymbol{G}$ は

$$\boldsymbol{G} = \left[\underbrace{\begin{matrix} 1 & 0 & 0 & 0 \\ 0 & 1 & 0 & 0 \\ 0 & 0 & 1 & 0 \\ 0 & 0 & 0 & 1 \end{matrix}}_{\boldsymbol{I}_4} \quad \underbrace{\begin{matrix} 1 & 0 & 1 & 1 \\ 1 & 1 & 1 & 0 \\ 1 & 1 & 0 & 1 \\ 0 & 1 & 1 & 1 \end{matrix}}_{\boldsymbol{P}^T}\right] \tag{10.14}$$

10 4 検査行列 $\boldsymbol{H}$

性質 10.2

符号 $\boldsymbol{u}$ にかけると $\boldsymbol{0}$ となる次のような行列 $\boldsymbol{H}$ が存在する．

$$\boldsymbol{H}\boldsymbol{u}^T = \boldsymbol{0} \quad \text{または} \quad \boldsymbol{u}\boldsymbol{H}^T = \boldsymbol{0} \tag{10.15}$$

ここで

$$\boldsymbol{H} = [\boldsymbol{P}, \boldsymbol{I}_{n-k}] = \begin{bmatrix} p_{11} & \cdot\ \cdot\ \cdot & p_{1k} & 1 & & & \\ \cdot & \cdot\ \cdot\ \cdot & \cdot & & \cdot & 0 & \\ \cdot & \cdot\ \cdot\ \cdot & \cdot & & & \cdot & \\ \cdot & \cdot\ \cdot\ \cdot & \cdot & & 0 & \cdot & \\ p_{n-k1} & \cdot\ \cdot\ \cdot & p_{n-kk} & & & & 1 \end{bmatrix} \tag{10.16}$$

証明

式 (10.7) より

$$\boldsymbol{P}\boldsymbol{x} + \boldsymbol{p} = \boldsymbol{0} \tag{10.17}$$

Note 10 2

式(10.7) から式(10.17) への変形で，$\boldsymbol{p}$ の移項は，本来ならば $-\boldsymbol{p}$ となるべきところであるが，2 を法とする演算（117 ページ参照）を行うから，前述したように $-\boldsymbol{p} = \boldsymbol{p}$ となり，$+$ を用いている．

式 (10.17) はせっかく行列・ベクトル表現になっているが，もっと簡単な行列・ベクトル表記にするために，一度成分表示に戻し，スカラー表記の連立式にして，改めて行列・ベクトル表記にする．

$$\begin{bmatrix} p_{11} & \cdot & \cdot & \cdot & p_{1k} \\ \cdot & \cdot & \cdot & \cdot & \cdot \\ \cdot & \cdot & \cdot & \cdot & \cdot \\ \cdot & \cdot & \cdot & \cdot & \cdot \\ p_{n-k1} & \cdot & \cdot & \cdot & p_{n-kk} \end{bmatrix} \begin{pmatrix} x_1 \\ \cdot \\ \cdot \\ \cdot \\ x_k \end{pmatrix} + \begin{pmatrix} p_1 \\ \cdot \\ \cdot \\ \cdot \\ p_{n-k} \end{pmatrix} = \begin{pmatrix} 0 \\ \cdot \\ \cdot \\ \cdot \\ 0 \end{pmatrix} \tag{10.18}$$

これを，スカラー表記に戻すと

$$\begin{array}{llll} p_{11}x_1 & + \cdots + \ p_{1k}x_k & +p_1 & = 0 \\ & \vdots & \ddots & \\ p_{n-k1}x_1 & + \cdots + \ p_{n-kk}x_k & \quad +p_{n-k} & = 0 \end{array} \tag{10.19}$$

もう一度行列の成分表示にすると

$$\underbrace{\begin{bmatrix} p_{11} & \cdot & \cdot & \cdot & p_{1k} & 1 & & \\ \cdot & \cdot & \cdot & \cdot & \cdot & & \cdot & 0 \\ \cdot & \cdot & \cdot & \cdot & \cdot & & \cdot & \\ \cdot & \cdot & \cdot & \cdot & \cdot & 0 & & \cdot \\ p_{n-k1} & \cdot & \cdot & \cdot & p_{n-kk} & & & 1 \end{bmatrix}}_{\boldsymbol{H}} \underbrace{\begin{pmatrix} x_1 \\ \vdots \\ x_k \\ p_1 \\ \vdots \\ p_{n-k} \end{pmatrix}}_{\boldsymbol{u}^T} = \underbrace{\begin{pmatrix} 0 \\ \cdot \\ \cdot \\ \cdot \\ 0 \end{pmatrix}}_{\boldsymbol{0}} \tag{10.20}$$

これを再度行列表現すると

$$\boldsymbol{Hu}^T = 0 \quad \text{または} \quad \boldsymbol{uH}^T = \boldsymbol{0} \tag{10.21}$$

この行列 $\boldsymbol{H}$ を**検査行列** (check matrix), あるいは**パリティ検査行列** (parity check matrix) と呼ぶ．その理由は次節で明らかとなる．また前述したが，この簡単な単位行列の存在する形式を，既約台形正準形という．

例 10.2　情報・検査ビット関連行列 $\boldsymbol{P}$ が，【例 10.1】の式 (10.13) のように与えられたとき，式 (10.16) より，検査行列 $\boldsymbol{H}$ は

$$\boldsymbol{H} = \begin{bmatrix} 1 & 1 & 1 & 0 & 1 & 0 & 0 & 0 \\ 0 & 1 & 1 & 1 & 0 & 1 & 0 & 0 \\ 1 & 1 & 0 & 1 & 0 & 0 & 1 & 0 \\ 1 & 0 & 1 & 1 & 0 & 0 & 0 & 1 \end{bmatrix} \tag{10.22}$$

（左 4 列が $\boldsymbol{P}$，右 4 列が $\boldsymbol{I}_4$）

となる．

【性質 10.2】は，次のようにも表される．

性質 10.3

$\boldsymbol{u}$ が線形符号 C の符号語であることの必要十分条件は，次式が成り立つことである．

$$\boldsymbol{H}\boldsymbol{u}^T = \boldsymbol{0} \quad (\text{または } \boldsymbol{u}\boldsymbol{H}^T = \boldsymbol{0}) \tag{10.23}$$

ここで，$\boldsymbol{H}$ は検査行列である．

Note 10 3

式(10.23) を用いて，与えられた記号系列が符号語であるかどうかを判定できる．

10 5　シンドローム s と誤り検出・訂正

図 10.1 のように，符号ベクトル $\boldsymbol{u} = (u_1, \cdots, u_n)$ を送信して，受信記号ベクトル $\boldsymbol{y} = (y_1, \cdots, y_n)$ を受信したとする．この間に通信路で誤りベクトル

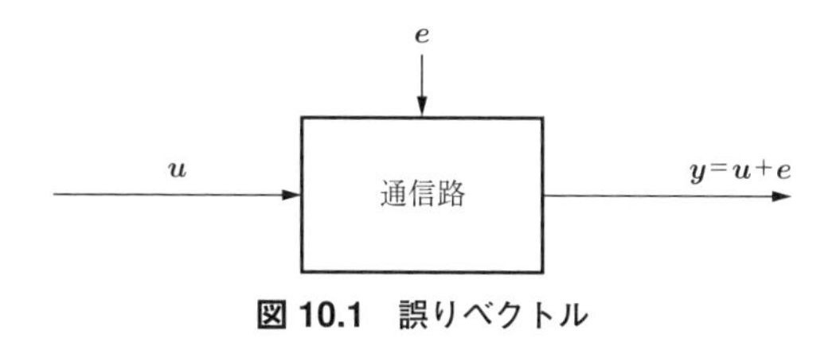

図 10.1　誤りベクトル

$\boldsymbol{e} = (e_1, \cdots, e_n)$ が加わり，受信記号ベクトル $\boldsymbol{y}$ は

$$\boldsymbol{y} = \boldsymbol{u} + \boldsymbol{e} \tag{10.24}$$

と表される．受信記号ベクトル $\boldsymbol{y}$ に検査行列 $\boldsymbol{H}$ の転置行列 $\boldsymbol{H}^T$ をかける．この積 $\boldsymbol{s}$ を**シンドローム**（syndrome）と呼ぶ．

$$\boldsymbol{s} = \boldsymbol{y}\boldsymbol{H}^T \tag{10.25}$$

ここで，式 (10.25) へ式 (10.24) を代入し，符号ベクトル $\boldsymbol{u}$ についての式 (10.23) を用いると

$$\boldsymbol{s} = \boldsymbol{y}\boldsymbol{H}^T = (\boldsymbol{u} + \boldsymbol{e})\boldsymbol{H}^T = \underbrace{\boldsymbol{u}\boldsymbol{H}^T}_{\boldsymbol{0}} + \boldsymbol{e}\boldsymbol{H}^T = \boldsymbol{e}\boldsymbol{H}^T \tag{10.26}$$

となり，次の【性質 10.4】のように誤りがあるかないかを，判定できる．

性質 10.4

シンドローム $\boldsymbol{s}$ と誤りの存在には，次の関係が成り立つ．

$$\left.\begin{aligned} \boldsymbol{s} = \boldsymbol{0} &\iff \text{誤りなし} \\ \boldsymbol{s} \neq \boldsymbol{0} &\iff \text{誤りあり} \end{aligned}\right\} \tag{10.27}$$

次に，誤りの検出について考える．

性質 10.5

シンドローム $\boldsymbol{s} \neq \boldsymbol{0}$ になる場合，誤りが 1 つと仮定すると，その値によって誤りの箇所が，以下のように検出でき，訂正が可能となる．

$$\boldsymbol{s} = (\boldsymbol{H}\text{ の }i\text{ 列}) \iff i\text{ 番目の受信記号が誤り} \tag{10.28}$$

証明

今 $\boldsymbol{u}$ の送信において，$\boldsymbol{y}$ の i 番目の受信記号に誤りが 1 つ含まれているとすると，誤りベクトル $\boldsymbol{e}$ は

$$\boldsymbol{e} = \left(0, \cdots, 0, \underset{i}{1}, 0, \cdots, 0\right) \tag{10.29}$$

式 (10.29) を，式 (10.26) へ代入する．

$$\boldsymbol{s} = \left(0, \cdots, 0, \underset{i}{1}, 0, \cdots, 0\right) \begin{bmatrix} p_{11} & \cdot & \cdot & \cdot & p_{n-k1} \\ \cdot & \cdot & \cdot & \cdot & \cdot \\ p_{1i} & \cdot & \cdot & \cdot & p_{n-ki} \\ \cdot & \cdot & \cdot & \cdot & \cdot \\ p_{1k} & \cdot & \cdot & \cdot & p_{n-kk} \\ 1 & & & & \\ & \cdot & & 0 & \\ & & \cdot & & \\ & 0 & & \cdot & \\ & & & & 1 \end{bmatrix} \begin{matrix} \\ \\ \leftarrow H\text{ の }i\text{ 列} \\ \\ \\ \\ \\ \\ \\ \\ \end{matrix}$$

$$= (p_{1i}, \cdots, p_{n-ki}) = (\boldsymbol{H}\text{ の }i\text{ 列}) \tag{10.30}$$

のように，検査行列 $\boldsymbol{H}$ の i 列が現れる．すなわち，受信記号ベクトルの i 番目の要素が誤っているときは，シンドローム $\boldsymbol{s}$ は検査行列 $\boldsymbol{H}$ の i 列となる．

$$\therefore \boldsymbol{s} = (\boldsymbol{H}\text{ の }i\text{ 列}) \iff i\text{ 番目の受信記号が誤り} \tag{10.31}$$

例 10.3　検査行列式の式 (10.22) に対して，受信記号ベクトル $\boldsymbol{y}$ として

$$\boldsymbol{y} = (1\ 0\ 1\ 0\ 1\ 0\ 1\ 1) \tag{10.32}$$

が与えられたとき，シンドローム $\boldsymbol{s}$ が次のように決まる．

$$\begin{aligned}\boldsymbol{s} &= \boldsymbol{y}\boldsymbol{H}^T \\ &= (1\ 0\ 1\ 0\ 1\ 0\ 1\ 1)\begin{bmatrix}1 & 0 & 1 & 1\\ 1 & 1 & 1 & 0\\ 1 & 1 & 0 & 1\\ 0 & 1 & 1 & 1\\ 1 & 0 & 0 & 0\\ 0 & 1 & 0 & 0\\ 0 & 0 & 1 & 0\\ 0 & 0 & 0 & 1\end{bmatrix} \leftarrow \boldsymbol{H}\text{ の 3 列} \\ &= (1\ 1\ 0\ 1) = (\boldsymbol{H}\text{ の 3 列})\end{aligned} \tag{10.33}$$

したがって，$\boldsymbol{s} \neq \boldsymbol{0}$ なので誤りがあることがわかる．また，$\boldsymbol{s} = (\boldsymbol{H}$ の 3 列) となっているため，$\boldsymbol{y}$ の 3 番目の記号が誤っており，正しく訂正した受信記号ベクトル $\boldsymbol{y}_{correct}$ は

$$\boldsymbol{y}_{correct} = (1\ 0\ 0\ 0\ 1\ 0\ 1\ 1) \tag{10.34}$$

となる．

Advance Note 10 4

【生成行列 $\boldsymbol{G}$ と検査行列 $\boldsymbol{H}$ の関係】について述べる．

式(10.11)，(10.16) より明らかなように，生成行列 $\boldsymbol{G}$ と検査行列 $\boldsymbol{H}$ は，式(10.7)，(10.8) で定義される情報・検査ビット関連行列 $\boldsymbol{P}$ により，お互いに関係する．具体的には，次のような関係が存在する．

性質 10.6

$$\boldsymbol{G}\boldsymbol{H}^T = \boldsymbol{0} \tag{10.35}$$

証明

$$GH^T = [I_k, P^T] \begin{bmatrix} P^T \\ I_{n-k} \end{bmatrix} = P^T + P^T = 0 \tag{10.36}$$

$$\because \forall i, \ell \quad p_{i\ell} + p_{i\ell} = 0 \tag{10.37}$$

10 6* 線形符号 C の最小ハミング距離 $d_{\min}(C)$

9.3 節で示したように，符号 $C = \{\boldsymbol{c}_1, \boldsymbol{c}_2, \cdots, \boldsymbol{c}_n\}$ の最小ハミング距離は，次のように定義できる．

$$d_{\min}(C) = \min_{\substack{\forall(\boldsymbol{c}_k, \boldsymbol{c}_\ell) \\ k \neq \ell}} h(\boldsymbol{c}_k,\ \boldsymbol{c}_\ell) \tag{10.38}$$

これは，符号 C の中の任意の符号語対に対してハミング距離を求め，その中で最小の値を**最小ハミング距離**と呼ぶことを示す．ここで 9.3 節のハミング距離と，ハミング重みの関係式 (9.21) を用いて，式 (10.38) を書き換えると

$$d_{\min}(C) = \min_{\substack{\forall(\boldsymbol{c}_k, \boldsymbol{c}_\ell) \\ k \neq \ell}} w(\boldsymbol{c}_k + \boldsymbol{c}_\ell) \tag{10.39}$$

となる．

これらの定義は，もちろん $C = \{\boldsymbol{c}_1, \boldsymbol{c}_2, \cdots, \boldsymbol{c}_n\}$ が線形符号のときも成り立つ．C が線形符号であれば，任意の符号語 $\boldsymbol{c}_k$ と $\boldsymbol{c}_\ell$ を加えた $\boldsymbol{c}_k + \boldsymbol{c}_\ell$ も符号語であり，それを新しく $\boldsymbol{c}_i$ と表すと

$$d_{\min}(C) = \min_{\forall \boldsymbol{c}_i (\neq \boldsymbol{0})} w(\boldsymbol{c}_i) \tag{10.40}$$

となる．すなわち，線形符号の最小ハミング距離は，$\boldsymbol{0}$ 以外の全符号語のハミング重みの最小値となる．ここで，仮にこの最小値を d とおく．

Note 10 5

$\forall \boldsymbol{c}_k, \boldsymbol{c}_\ell \in C$（線形符号）に対して，その和をつくり，検査行列 $\boldsymbol{H}^T$ をかけると

$$(\boldsymbol{c}_k + \boldsymbol{c}_\ell)\boldsymbol{H}^T = \underbrace{\boldsymbol{c}_k\boldsymbol{H}^T}_{0} + \underbrace{\boldsymbol{c}_\ell\boldsymbol{H}^T}_{0} = \boldsymbol{0} \quad (\because【性質 10.3】(\Rightarrow) より)$$

となるので，再度【性質 10.3】($\Leftarrow$) を用いると，$\boldsymbol{c}_k + \boldsymbol{c}_\ell \in C$（線形符号）がわかる．これを拡張すると，線形符号の符号語の 1 次結合は，また線形符号となることがわかる．

以上の議論から線形符号のハミング最小距離について次の性質が成り立つ．

性質 10.7

$$d_{\min}(C) = d \tag{10.41}$$

ここで，d は $\boldsymbol{0}$ 以外の全符号語のハミング重みの最小値である．

線形符号の誤り検出・訂正原理として，次の性質が求まる．

性質 10.8

$\boldsymbol{0}$ 以外の全符号語のハミング重みの最小値 d を用いて，線形符号の誤り検出・訂正の原理が，次のように成り立つ．

(1) s 個以下の誤りの検出が可能

$$\iff d \geq s + 1 \tag{10.42}$$

(2) t 個以下の誤りの訂正が可能

$$\iff d \geq 2t + 1 \tag{10.43}$$

証明

(1) 9.4.1 項の式 (9.26) に，【性質 10.7】の式 (10.41) を代入する．

(2) 9.4.2 項の式 (9.27) に，【性質 10.7】の式 (10.41) を代入する．

Advance Note 10 6

検査行列 $\boldsymbol{H}$ の第 k 列を $\boldsymbol{h}_k$ とおくと

$$\boldsymbol{H} = [\boldsymbol{h}_1, \boldsymbol{h}_2, \cdots, \boldsymbol{h}_n] \tag{10.44}$$

と表される．列ベクトル $\boldsymbol{h}_1, \boldsymbol{h}_2, \cdots, \boldsymbol{h}_n$ のうち任意の $d-1$ 個が線形独立であり，d 個の組には，1 次従属なものが存在するような検査行列 $\boldsymbol{H}$ をもつ線形符号のハミング重みの最小値は d となることから，検査行列 $\boldsymbol{H}$ の列ベクトルの 1 次独立性を調べることにより，最小値 d を求めることができる．したがって，【性質 10.8】は，線形符号の誤り検出・訂正の可能性が，検査行列 $\boldsymbol{H}$ の列ベクトルの線形独立性を調べることによりわかることを示している．

演習問題

Challenge □□□□

10-1 ★ 次のような検査行列 $\boldsymbol{H}$ が与えられたとき，生成行列 $\boldsymbol{G}$ を求めなさい．

$$\boldsymbol{H} = \begin{bmatrix} 1 & 1 & 1 & 0 & 1 & 0 & 0 \\ 0 & 1 & 1 & 1 & 0 & 1 & 0 \\ 1 & 1 & 0 & 1 & 0 & 0 & 1 \end{bmatrix}$$

Challenge □□□□

10-2 ★★ 次のような検査行列 $\boldsymbol{H}$ が与えられたとき，受信記号ベクトル $\boldsymbol{y} = (1\ 0\ 1\ 0\ 0\ 0\ 1)$ が正しいかどうかを判定しなさい．もし，誤っているときは，誤りが 1 つと仮定して，正しく訂正した受信記号ベクトルを示しなさい．

$$\boldsymbol{H} = \begin{bmatrix} 1 & 1 & 0 & 1 & 1 & 0 & 0 \\ 1 & 0 & 1 & 1 & 0 & 1 & 0 \\ 0 & 1 & 1 & 1 & 0 & 0 & 1 \end{bmatrix}$$

Challenge □□□□

10-3 ★★ 情報ビットと検査ビットの線形関係を規定する次のような情報・検査ビット関連行列 $\boldsymbol{P}$ に対して，以下の問いに答えなさい.

$$\boldsymbol{P} = \begin{bmatrix} 1 & 1 & 0 & 1 \\ 1 & 0 & 1 & 1 \\ 0 & 1 & 1 & 1 \end{bmatrix}$$

(1) 生成行列 $\boldsymbol{G}$ を求めなさい.

(2) 検査行列 $\boldsymbol{H}$ を求めなさい.

(3) 受信記号ベクトル $\boldsymbol{y} = (1\ 1\ 0\ 0\ 1\ 0\ 1)$ が正しいか，誤っているかを判定しなさい. 誤っているときは，誤りが 1 つとしてどこが誤っているかを示しなさい.

Challenge □□□□

10-4 ★★★ 次のような生成行列 G に対して，以下の問いに答えなさい.

$$\boldsymbol{G} = \begin{bmatrix} 1 & 0 & 0 & 0 & 1 & 1 \\ 0 & 1 & 0 & 1 & 0 & 1 \\ 0 & 0 & 1 & 1 & 1 & 0 \end{bmatrix}$$

(1) 検査行列 $\boldsymbol{H}$ を求めなさい.

(2) 受信記号ベクトルを $\boldsymbol{y}$ としたとき，シンドローム $\boldsymbol{s}$ の定義式を与えなさい. また，誤りの存在とシンドローム $\boldsymbol{s}$ の関係を示しなさい.

(3) 受信記号ベクトル $\boldsymbol{y} = (1\ 0\ 1\ 1\ 0\ 0)$ が正しいか，誤っているかを判定しなさい. 誤っているときは，誤りが 1 つとして，どこが誤っているかを示しなさい.

Challenge □□□□

10-5 ★★★★★ 情報ビットと検査ビットの線形関係を規定する次のような情報・検査ビット関連行列 $\boldsymbol{P}$ に対して，以下の問いに答えなさい.

$$\boldsymbol{P} = \begin{bmatrix} 1 & 0 \\ 0 & 1 \\ 1 & 1 \end{bmatrix}$$

(1) これは，(n, k) 線形符号である. n と k を答えなさい.

(2) 生成行列 $\boldsymbol{G}$ を求めなさい.

(3) 情報ビット $00, 01, 10, 11$ に対する符号語 $\boldsymbol{u}_1, \boldsymbol{u}_2, \boldsymbol{u}_3, \boldsymbol{u}_4$ を求めなさい.

(4) 線形符号の符号語の線形結合（符号語を加え合わせたもの）によりできた符号語は，また線形符号の符号語となるが，(3) で求めた符号語 $\boldsymbol{u}_1, \boldsymbol{u}_2, \boldsymbol{u}_3, \boldsymbol{u}_4$ を用いて，それを示しなさい．

(5) 検査行列 $\boldsymbol{H}$ を求めなさい．

(6) 1 箇所のみ誤りがある場合のシンドローム $\boldsymbol{s}$ をすべて求めなさい．また，誤り箇所とシンドローム $\boldsymbol{s}$ の間には，どのような関係があるかを示しなさい．

(7) (6) で求めたシンドローム $\boldsymbol{s}$ を 0, 1 の記号列として見た場合，可能性として現れてもよい他の記号列が存在する．それを示しなさい．また，そのシンドローム $\boldsymbol{s}$ は，何を意味するかを答えなさい．

Challenge □□□□

10-6 ★★ 線形符号 C の符号語 $\boldsymbol{u}$ と $\boldsymbol{v}$ の和もまた，線形符号 C の符号語となることを示しなさい．

第11章* 巡回符号

線形符号の1つである巡回符号について考察する．各符号語に対応する符号多項式を定義し，符号多項式の性質を用いて巡回符号を特徴づける．線形符号の生成行列に対応する生成多項式と，検査行列に対応する検査多項式により，巡回符号の性質を明らかとする．

Keywords　①巡回符号，②符号多項式，③生成多項式 $G(x)$，④検査多項式 $H(x)$，⑤シンドローム多項式 $S(x)$

11 1 巡回符号とは？

符号長が n の2元線形符号 C を考える．C の中の任意の符号語を $\boldsymbol{a}$ とする．

$$\forall \boldsymbol{a} = (a_0, a_1, \cdots, a_{n-2}, a_{n-1}) \in C \tag{11.1}$$

2元符号であるから，$a_k \in \{0,1\}$（$k = 0, \cdots, n-1$）である．

この $\boldsymbol{a}$ を巡回置換する．1回の巡回置換（最後の a_{n-1} を一番前にもってくる）で

$$\boldsymbol{a}^{(1)} = (a_{n-1}, a_0, \cdots, a_{n-3}, a_{n-2}) \tag{11.2}$$

これをまた置換すると

$$\boldsymbol{a}^{(2)} = (a_{n-2}, a_{n-1}, a_0, \cdots, a_{n-3}) \tag{11.3}$$

$$\vdots$$

このように k 回置換してできた符号語 $\boldsymbol{a}^{(k)}$ が，また符号 C の要素となるならば，この符号を**巡回符号**（cyclic code）と呼ぶ．すなわち

$$\forall \boldsymbol{a} \in C \text{ に対して，} \forall k\ \boldsymbol{a}^{(k)} \in C \Rightarrow C\text{：巡回符号} \tag{11.4}$$

である．

11 2 符号多項式

符号語 $\boldsymbol{a} = (a_0, a_1, \cdots, a_{n-2}, a_{n-1})$ に対する**符号多項式** (code polynomial) $F(x)$ を次のように定義する．

$$F(x) = a_0 + a_1 x + \cdots + a_{n-2}x^{n-2} + a_{n-1}x^{n-1} \quad (\deg F(x) \leq n-1) \tag{11.5}$$

ここで，$\deg F(x)$ は，$F(x)$ の**次数**（degree）の意味である．たとえば，$a_{n-1} \neq 0$ ならば $\deg F(x) = n-1$ である．また，$x \in \{0,1\}$ であり，本章の演算は，GF(2) 上での演算，すなわち mod2 の演算（117 ページ参照）である．

Advance Note 11 1

GF(2) は，元が 2 つ，0 と 1 の場合の**有限体**（finite field）で，**ガロア体**（Galois Field）と呼ばれる．**体**（field）とは，詳細は割愛するが，実数や有理数のように，その系の中で四則演算が実行できるものをいう．

したがって，次のように符号語 $\boldsymbol{a}$，$\boldsymbol{a}^{(1)}$，$\boldsymbol{a}^{(2)}$ について，符号多項式が各々 $F(x), F^{(1)}(x), F^{(2)}(x), \cdots$ と定義できる．

$$\boldsymbol{a} \quad \Rightarrow F(x) = a_0 + a_1 x + \cdots + a_{n-2}x^{n-2} + a_{n-1}x^{n-1} \tag{11.6}$$

$$\boldsymbol{a}^{(1)} \quad \Rightarrow F^{(1)}(x) = a_{n-1} + a_0 x + \cdots + a_{n-3}x^{n-2} + a_{n-2}x^{n-1} \tag{11.7}$$

$$\boldsymbol{a}^{(2)} \quad \Rightarrow F^{(2)}(x) = a_{n-2} + a_{n-1}x \cdots + \cdots + a_{n-4}x^{n-2} + a_{n-3}x^{n-1} \tag{11.8}$$

$$\vdots \qquad\qquad \vdots$$

符号 C のすべての符号語に対する符号多項式の中で，0（ゼロ符号語に対する符号多項式）以外で，次数が最小な符号多項式 $G(x)$ を**生成多項式**（generator polynomial）と呼ぶ．

11 3 符号多項式の性質

ここで，符号多項式

$$F(x) = a_0 + a_1 x + \cdots + a_{n-2}x^{n-2} + a_{n-1}x^{n-1} \tag{11.9}$$

の両辺に x をかけて整理すると

$$\begin{aligned} xF(x) &= a_{n-1}(x^n - 1) + a_{n-1} + a_0 x + \cdots + a_{n-3}x^{n-2} + a_{n-2}x^{n-1} \\ &= a_{n-1}(x^n - 1) + F^{(1)}(x) \end{aligned} \tag{11.10}$$

Note 11 2

式(11.10)の表している意味を考えるために，次の式(11.11)の意味を考えてみる．

$$7 = 2 \times 3 + 1 \tag{11.11}$$

式(11.11)は，割り算の式であり

$$7 \div 3 = 2 \cdots 1 \tag{11.12}$$

の意味を，かけ算の形で表したものである．

このことから，式(11.10)は $xF(x)$ を (x^{n-1}) で割ったならば，商が a_{n-1} で剰余（余り）が $F^{(1)}(x)$ であることを表している．$xF(x)$ を (x^{n-1}) で割った剰余を次のように略記することとする．

$$xF(x) \bmod (x^n - 1) = F^{(1)}(x) \tag{11.13}$$

すなわち，記号

$$A(x) \bmod B(x) = \{A(x) \text{ を } B(x) \text{ で割った剰余多項式}\} \tag{11.14}$$

を導入する．

式(11.10)にもう一度 x を掛けると

$$x^2F(x) = (a_{n-1}x + a_{n-2})(x^n - 1) + F^{(2)}(x) \tag{11.15}$$

$$\therefore x^2F(x) \bmod (x^n - 1) = F^{(2)}(x) \tag{11.16}$$

これを繰り返すと

$$x^i F(x) \bmod (x^n - 1) = F^{(i)}(x) \tag{11.17}$$

これは

$$\forall i \quad x^i F(x) \bmod (x^n - 1) = F^{(i)}(x) = \{\,\text{符号多項式}\,\} \tag{11.18}$$

が成り立つことを示している．ここで，$i = 1, \cdots, N$ までの 1 次結合を考え，線形符号語の 1 次結合はまた線形符号語であることから

$$\sum_{i=1}^{N} c_i \left[x^i F(x)\right] \bmod (x^n - 1) = \sum_{i=1}^{N} c_i F^{(i)}(x) \tag{11.19}$$

$$\begin{aligned}\left[\left\{\sum_{i=1}^{N} c_i x^i\right\} F(x)\right] \bmod (x^n - 1) &= \sum_{i=1}^{N} c_i F^{(i)}(x) \\ &= \{\,\text{符号多項式}\,\}\end{aligned} \tag{11.20}$$

したがって

$$\sum_{i=1}^{N} c_i x^i = C(x) \tag{11.21}$$

とおくと，任意の多項式 $C(x)$ に対して

$$C(x)F(x) \bmod (x^n - 1) = \{\,\text{符号多項式}\,\} \tag{11.22}$$

となる．

以上より，次の性質が求まる．

性質 11.1

符号多項式 $F(x)(\deg F(x) \leq n-1)$ に対して

$$\forall C(x) \quad C(x)F(x) \bmod (x^n - 1) = \{\,\text{符号多項式}\,\} \tag{11.23}$$

が成り立つ．ここで，$\deg C(x)F(x) \leq n-1$ のときは，$C(x)F(x)$ 自身が剰余多項式となり，符号多項式である．

性質 11.2

任意の符号多項式 $F(x)(\deg F(x) \leq n-1)$ に対して

$$F(x) \bmod G(x) = 0 \tag{11.24}$$

すなわち，すべての符号多項式は，生成多項式 $G(x)$ で割り切れる．

証明

符号多項式 $F(x)(\deg F(x) \leq n-1)$ を生成行列 $G(x)$ で割る．剰余多項式を $R(x)$，商多項式を $C(x)$ とすると

$$F(x) = C(x)G(x) + R(x) \quad \deg R(x) < \deg G(x) \tag{11.25}$$

ここで，$\deg F(x) \leq n-1$ より，$\deg C(x)G(x) \leq n-1$ なので

$$C(x)G(x) \bmod (x^n - 1) = C(x)G(x) \tag{11.26}$$

【性質 11.1】から，$C(x)G(x)$ も符号多項式となる．

$$R(x) = F(x) - C(x)G(x) \tag{11.27}$$

であり，$F(x)$ と $C(x)G(x)$ ともに符号多項式なので，$R(x)$ も符号多項式でなければならない．ここで，$\deg R(x) < \deg G(x)$ なので，$G(x)$ の次数よりも低次の符号多項式が存在することになる．ところで，生成多項式 $G(x)$ の定義から，$G(x)$ は，0 以外の最小の次数の符号多項式なので

$$R(x) = 0 \tag{11.28}$$

でなければならない．

したがって，$F(x)$ は $G(x)$ で割り切れる．

$$\therefore F(x) \bmod G(x) = 0 \tag{11.29}$$

Note 11 3

「$F(x)$ は $G(x)$ で割り切れる」ということは，「$F(x)$ を $G(x)$ で割った余りが 0，すなわち，$F(x) \bmod G(x) = 0$」，あるいは「$F(x) = C(x)G(x)$ となる $C(x)$ が存在する」ことと，同値である．

性質 11.3

多項式 $F(x)(\deg F(x) \leq n-1)$ がある．

$F(x)$ が符号多項式であることの必要十分条件は，以下のように表されることである．

$$F(x) = C(x)G(x) \tag{11.30}$$

ここで

$$\begin{aligned} &C(x)：多項式 \\ &G(x)：生成多項式 \end{aligned} \tag{11.31}$$

証明

$(\Rightarrow)$【性質 11.2】より，$F(x) = C(x)G(x)$ と表される $C(x)$ が存在する．

$(\Leftarrow)$ 生成多項式 $G(x)$ は，もちろん符号多項式なので，【性質 11.1】より

$$C(x)G(x) \bmod (x^n - 1) = \{\text{ 符号多項式 }\} \tag{11.32}$$

したがって

$$F(x) \bmod (x^n - 1) = \{\text{ 符号多項式 }\} \tag{11.33}$$

ここで，$\deg F(x) = C(x)G(x) \leq n-1$ なので，$F(x)$ を $x^n - 1$ で割った余りは，$F(x)$ そのままであり

$$F(x) \bmod (x^n - 1) = F(x) = \{\text{ 符号多項式 }\} \tag{11.34}$$

となる．したがって，$F(x)$ は符号多項式となる．

11 4 生成多項式 $G(x)$

11.3 節の符号多項式の性質から，次のような生成多項式の性質が求まる．

性質 11.4

生成多項式 $G(x)$ は，次の性質をもつ．

(1) $G(x)$ は，$x^n - 1$ を割り切る．すなわち

$$(x^n - 1) \bmod G(x) = 0 \tag{11.35}$$

(2) $G(x)$ の定数項は 1 である．

証明

(1) 符号多項式 $F(x)$ に対して，式 (11.10) より

$$xF(x) = a_{n-1}(x^n - 1) + F^{(1)}(x) \tag{11.36}$$

これを変形して

$$F^{(1)}(x) = xF(x) - a_{n-1}(x^n - 1) \tag{11.37}$$

ここで，$F(x)$，$F^{(1)}(x)$ は符号多項式なので，【性質 11.3】より，ともに生成多項式 $G(x)$ で割り切ることができ，次のように表せる．

$$F(x) = C(x)G(x) \tag{11.38}$$

$$F^{(1)}(x) = C^{(1)}(x)G(x) \tag{11.39}$$

式 (11.38)，(11.39) を式 (11.37) に代入して

$$C^{(1)}(x)G(x) = xC(x)G(x) - a_{n-1}(x^n - 1) \tag{11.40}$$

$$a_{n-1}(x^n - 1) = \{xC(x) - C^{(1)}(x)\}G(x) \tag{11.41}$$

式 (11.41) より，$G(x)$ は $x^n - 1$ の因数である．したがって，$G(x)$ は，$x^n - 1$ を割り切る．すなわち

$$(x^n - 1) \bmod G(x) = 0 \tag{11.42}$$

(2) 式 (11.41) の左辺の定数項は 1 であるから，$G(x)$ の定数項は 1 である必要がある（0 ではあり得ない）．

性質 11.5

(n, k) 巡回符号の生成多項式 $G(x)$ は，$n-k$ 次の符号多項式で

$$G(x) = x^{n-k} + \cdots + 1 \tag{11.43}$$

と表される．すなわち，生成多項式の次数は検査ビット数に等しい．

証明

(n, k) 巡回符号なので，情報ビットは k〔bit〕であり，ここで

$$\boldsymbol{i} = (i_0, i_1, \cdots, i_{k-1}) \tag{11.44}$$

と表す．この情報ビット $\boldsymbol{i}$ に対する多項式を

$$I(x) = i_0 + i_1 x + \cdots + i_{k-1} x^{k-1} \tag{11.45}$$

と表現し，生成多項式の次数を仮に m 次 $(\deg G(x) = m)$ として，$x^m I(x)$ を $G(x)$ で割り，その剰余多項式を $R(x)$，商多項式を $C(x)$ とすると

$$x^m I(x) = C(x) G(x) + R(x) \tag{11.46}$$

と表せる．ここで，剰余多項式 $R(x)$ は $\deg R(x) \leq m-1$ で

$$R(x) = r_0 + r_1 x + \cdots + r_{m-1} x^{m-1} \tag{11.47}$$

と表せる．式 (11.46) から

$$R(x) + x^m I(x) = C(x) G(x) \tag{11.48}$$

Note 11 4

式(11.46) から式(11.48) への変形においては，2 を法とする演算を行っているので，加法と減法は同じとなる．

【性質 11.3】より，$C(x)G(x)$ は符号多項式 $F(x)$ となり

$$R(x) + x^m I(x) = F(x) \quad \text{(符号多項式)} \tag{11.49}$$

この符号多項式 $F(x)$ に対する符号 $\boldsymbol{a}$ は

$$\boldsymbol{a} = (\underbrace{r_0,\ r_1, \cdots, r_{m-1}}_{\text{検査ビット}},\ \underbrace{i_0,\ i_1, \cdots, i_{k-1}}_{\text{情報ビット}}) \tag{11.50}$$

と表される．ここで，左側が m 個の検査ビット，右側が k 個の情報ビットとなる．

Note 11 5

巡回符号においては，線形符号の一般論を展開した第 10 章での符号の定義とは，情報ビットと検査ビットの順序が逆になっているので注意を要する．巡回符号においては，[符号] ＝ [検査ビット] ＋ [情報ビット] の順で扱うことが慣例となっている．

(n, k) 符号なので $\boldsymbol{a}$ の符号長は n であり，$m = n - k$ となる．したがって

$$\deg G(x) = m = n - k \tag{11.51}$$

$G(x)$ の次数は，$n - k$ である．

また，【性質 11.4】の（2）より，$G(x)$ の定数項は 1 であるから

$$G(x) = x^{n-k} + \cdots + 1 \tag{11.52}$$

と表される．

性質 11.6

巡回符号 C に対して，生成多項式は一意に定まる．

証明

【性質 11.5】より，生成多項式の次数は $n - k$ でなければならない．もし，$n - k$ 次の生成多項式が 2 個あると仮定しよう．

$$G^{(1)}(x) = x^{n-k} + \cdots + 1 \tag{11.53}$$

$$G^{(2)}(x) = x^{n-k} + \cdots + 1 \tag{11.54}$$

2 個の生成多項式の和で表される符号多項式 $G^{(1)}(x) + G^{(2)}(x)$ は，最高

次の項の係数が 0 $(1+1=0)$ となり，$n-k$ より小さい次数の符号多項式となる．これは，生成多項式の次数が最小であることと矛盾する．したがって，生成多項式は，2 個は存在せず，一意に決定される．

11 5　検査多項式 $H(x)$

【性質 11.4】の（1）より，生成多項式 $G(x)$ は x^n-1 の因数なので

$$x^n - 1 = H(x)G(x) \tag{11.55}$$

と表せる．ここで，$H(x)$ を**検査多項式**（check polynomial）または**パリティ検査多項式**（parity check polynomial）と呼ぶ．すなわち，検査多項式は x^{n-1} を生成多項式で割った商多項式である．また

$$H(x)G(x) \bmod (x^n - 1) = 0 \tag{11.56}$$

とも表せる．

性質 11.7

任意の符号多項式 $F(x)$ に対して，検査多項式 $H(x)$ は次の関係をもつ．

$$F(x)H(x) \bmod (x^n - 1) = 0 \tag{11.57}$$

証明

【性質 11.3】より，任意の符号多項式 $F(x)$ は，$F(x)=C(x)G(x)$ と書ける．ここで，式 (11.55) の両辺に $C(x)$ をかける．

$$C(x)(x^n - 1) = C(x)G(x)H(x) \tag{11.58}$$

$$C(x)(x^n - 1) = F(x)H(x) \quad (\because F(x) = C(x)G(x)) \tag{11.59}$$

$$\therefore F(x)H(x) \bmod (x^n - 1) = 0 \tag{11.60}$$

Note 11 6

式 (11.57) は，多項式 $F(x)(\deg F(x) \leq n-1)$ に検査多項式 $H(x)$ をかければ，その多項式が符号多項式かどうかを判定できることを表している．10.4 節の【性質 10.3】(132 ページ) に対応する性質である．

11 6 シンドローム多項式 $S(x)$

(n, k) 巡回符号を用いた通信システムにおける受信記号ベクトル $\boldsymbol{y} = (y_0, y_1, \cdots, y_{n-1})$ の多項式表現は

$$Y(x) = y_0 + y_1 x + \cdots + y_{n-1} x^{n-1} \tag{11.61}$$

である．$Y(x)$ を生成多項式 $G(x)$ で割った余り $S(x)$，すなわち

$$S(x) = Y(x) \bmod G(x) \tag{11.62}$$

を，**シンドローム多項式**（syndrome polynomial）と呼ぶ．

図 10.1（133 ページ）に示したように，受信記号ベクトル $\boldsymbol{y} = (y_0, y_1, \cdots, y_{n-1})$ は，以下のように，送信符号ベクトル $\boldsymbol{a} = (a_0, a_1, \cdots, a_{n-1})$ と通信路での誤りベクトル $\boldsymbol{e} = (e_0, e_1, \cdots, e_{n-1})$ の和として表せる．

$$\boldsymbol{y} = \boldsymbol{a} + \boldsymbol{e} \tag{11.63}$$

したがって，各々に対する符号多項式を考えると

$$Y(x) = F(x) + E(x) \tag{11.64}$$

と表される．式 (11.64) を式 (11.62) に代入すると

$$\begin{aligned} S(x) &= [F(x) + E(x)] \bmod G(x) \\ &= \underbrace{F(x) \bmod G(x)}_{0} + E(x) \bmod G(x) \\ &= E(x) \bmod G(x) \end{aligned} \tag{11.65}$$

したがって，次の性質が成り立つ．

性質 11.8

シンドローム多項式と誤りの存在には，次の関係が成り立つ．

$$\begin{aligned} S(x) = 0 &\iff \text{誤りなし} \\ S(x) \neq 0 &\iff \text{誤りあり} \end{aligned} \tag{11.66}$$

Note 11 7

10.5 節【性質 10.4】(133 ページ) に対応する性質である．

11 7 生成行列 $G_{(C)}$ と検査行列 $H_{(C)}$

巡回符号においては，11.4 節で述べたように，第 10 章の線形符号の場合と異なり

$$\text{符号} = \text{検査部分 (検査ビット)} + \text{情報部分 (情報ビット)} \tag{11.67}$$

$$(u_1, \cdots, u_n) = (p_1, \cdots, p_{n-k}, x_1, \cdots, x_k) \tag{11.68}$$

のように，情報ビットと検査ビットが前後逆になる．それに伴い，巡回符号の生成行列と検査行列は，次のようになり，第 10 章の線形符号の一般論で述べた式 (10.11)，(10.16) とは，行列 $\boldsymbol{P}$ と単位行列 $\boldsymbol{I}$ の順序が逆である点に注意を要する．

$$\boldsymbol{G}_{(C)} = [\boldsymbol{P}^T, \boldsymbol{I}_k] = \begin{bmatrix} p_{11} & \cdot & \cdot & \cdot & p_{n-k1} & 1 & & \\ \cdot & \cdot & \cdot & \cdot & \cdot & & \cdot & 0 \\ \cdot & \cdot & \cdot & \cdot & \cdot & & \cdot & \\ \cdot & \cdot & \cdot & \cdot & \cdot & 0 & & \cdot \\ p_{1k} & \cdot & \cdot & \cdot & p_{n-kk} & & & 1 \end{bmatrix} \tag{11.69}$$

$$\boldsymbol{H}_{(C)} = [\boldsymbol{I}_{n-k}, \boldsymbol{P}] = \begin{bmatrix} 1 & & & & p_{11} & \cdot & \cdot & \cdot & p_{1k} \\ & \cdot & 0 & & \cdot & \cdot & \cdot & \cdot & \cdot \\ & & \cdot & & \cdot & \cdot & \cdot & \cdot & \cdot \\ & 0 & & \cdot & \cdot & \cdot & \cdot & \cdot & \cdot \\ & & & 1 & p_{n-k1} & \cdot & \cdot & \cdot & p_{n-kk} \end{bmatrix} \tag{11.70}$$

11 8 巡回符号の生成行列と検査行列の構成例

$(7,4)$ 巡回符号を考える．【性質 11.4】から，その生成多項式は，x^7-1 の因数であることがわかるので，x^7-1 を因数分解すると

$$x^7-1=(1+x)(1+x+x^3)(1+x^2+x^3) \tag{11.71}$$

となる.

Note 11 8

実数の範囲では

$$x^7-1=(x-1)(1+x+x^2+x^3+x^4+x^5+x^6) \tag{11.72}$$

までしか因数分解できないが，今は x は 0 か 1 であり，2 を法とする演算を行っているので，式(11.71) まで因数分解できる.

式 (11.71) の因数が生成多項式になる候補であるが，いま $(7,4)$ 符号を考えているので，検査ビットは $7-4=3\,\mathrm{bit}$ であり，【性質 11.5】より，$G(x)$ は 3 次である必要がある．したがって，$G(x)$ としては

$$G(x)=1+x+x^3 \tag{11.73}$$

$$G(x)=1+x^2+x^3 \tag{11.74}$$

の 2 つが可能である．ここでは，式 (11.73) を生成多項式としたときを例にとって，生成行列を求めてみよう．

生成多項式 $G(x)=1+x+x^3$ を考える．

$$\begin{aligned}
G(x) &= 1+x+x^3 & &\to (1\,1\,0\,1\,0\,0\,0)\\
xG(x) &= x+x^2+x^4 & &\to (0\,1\,1\,0\,1\,0\,0)\\
x^2G(x) &= x^2+x^3+x^5 & &\to (0\,0\,1\,1\,0\,1\,0)\\
x^3G(x) &= x^3+x^4+x^6 & &\to (0\,0\,0\,1\,1\,0\,1)
\end{aligned} \tag{11.75}$$

これら符号 (基底ベクトル) を，行列の形に並べると

$$\boldsymbol{G}^*_{(C)}=\begin{bmatrix}1&1&0&1&0&0&0\\0&1&1&0&1&0&0\\0&0&1&1&0&1&0\\0&0&0&1&1&0&1\end{bmatrix} \tag{11.76}$$

式 (11.76) に行列の行等価変換を行い，行列を規約台形正準形に変形する．得られた行列が，巡回符号の生成行列である．

$$\boldsymbol{G}_{(C)} = \begin{bmatrix} 1 & 1 & 0 & 1 & 0 & 0 & 0 \\ 0 & 1 & 1 & 0 & 1 & 0 & 0 \\ 1 & 1 & 1 & 0 & 0 & 1 & 0 \\ 1 & 0 & 1 & 0 & 0 & 0 & 1 \end{bmatrix} \begin{matrix} \\ \\ \leftarrow 3\text{ 行} + 1\text{ 行} \\ \leftarrow 4\text{ 行} + 1\text{ 行} + 2\text{ 行} \end{matrix} \tag{11.77}$$

ここで

$$\boldsymbol{G}_{(C)} = [\boldsymbol{P}^T, \boldsymbol{I}_4] \tag{11.78}$$

したがって，情報・検査ビット関連行列は

$$\boldsymbol{P} = \begin{bmatrix} 1 & 0 & 1 & 1 \\ 1 & 1 & 1 & 0 \\ 0 & 1 & 1 & 1 \end{bmatrix} \tag{11.79}$$

式 (11.70) に，求まった $\boldsymbol{P}$ を用いて，巡回符号の検査行列 $\boldsymbol{H}_{(C)}$ が

$$\boldsymbol{H}_{(C)} = [\boldsymbol{I}_3, \boldsymbol{P}] = \begin{bmatrix} 1 & 0 & 0 & 1 & 0 & 1 & 1 \\ 0 & 1 & 0 & 1 & 1 & 1 & 0 \\ 0 & 0 & 1 & 0 & 1 & 1 & 1 \end{bmatrix} \tag{11.80}$$

と求まる．

この生成行列を用いて，巡回符号化が可能となる．また，第 10 章の式 (10.7) にこの情報・検査ビット関連行列 $\boldsymbol{P}$ を用いれば，情報ビットと検査ビットの関係が明らかとなる．

Note 11 9

$\boldsymbol{G}^*_{(C)}$ として，基底ベクトルを 4 個用いている理由を以下で述べる．$(7, 4)$ 符号なので，4 個であることは察しがつくが，実際次のように $x^i G(x)$ $(i = 4, 5, 6, \cdots)$ は，$x^i G(x)$ $(i = 0, 1, 2, 3)$ の 4 個の基底により，すべて表現できることがわかる．たとえば

$$\begin{aligned} x^4 G(x) &= x^4 + x^5 + x^7 \\ &= 1 + x^4 + x^5 \ (\mathrm{mod}(x^7 - 1) \quad \therefore x^7 = 1) \\ &= (1 + x + x^3) + (x + x^2 + x^4) + (x^2 + x^3 + x^5) \end{aligned}$$

$$(\because x^i + x^i = 0 \quad (i = 1, 2, 3))$$

$$= G(x) + xG(x) + x^2G(x) \tag{11.81}$$

$$x^5G(x) = xG(x) + x^2G(x) + x^3G(x) \tag{11.82}$$

$$x^6G(x) = G(x) + xG(x) + x^3G(x) \tag{11.83}$$

$$\vdots$$

$(7, 4)$ 符号は，もう一方の生成多項式式(11.74) $G(x) = 1 + x^2 + x^3$ を用いても同様に構成できる.

$x^7 - 1$ の因数は，式 (11.71) からわかるように，$1 + x$ もあり，これを生成多項式として用いると，どのようになるか，以下に述べる.

$$G(x) = 1 + x \tag{11.84}$$

この $G(x)$ は，$x^7 - 1$ の因数であり，またその次数は 1 次であることから，$(7, 6)$ 符号の生成多項式であることがわかる.

$$\begin{aligned} G(x) &= 1 + x &\rightarrow (1\ 1\ 0\ 0\ 0\ 0\ 0) \\ xG(x) &= x + x^2 &\rightarrow (0\ 1\ 1\ 0\ 0\ 0\ 0) \\ x^2G(x) &= x^2 + x^3 &\rightarrow (0\ 0\ 1\ 1\ 0\ 0\ 0) \\ x^3G(x) &= x^3 + x^4 &\rightarrow (0\ 0\ 0\ 1\ 1\ 0\ 0) \\ x^4G(x) &= x^4 + x^5 &\rightarrow (0\ 0\ 0\ 0\ 1\ 1\ 0) \\ x^5G(x) &= x^5 + x^6 &\rightarrow (0\ 0\ 0\ 0\ 0\ 1\ 1) \end{aligned} \tag{11.85}$$

これら符号 (基底ベクトル) を，行列の形に並べると

$$\boldsymbol{G}^*_{(C)} = \begin{bmatrix} 1 & 1 & 0 & 0 & 0 & 0 & 0 \\ 0 & 1 & 1 & 0 & 0 & 0 & 0 \\ 0 & 0 & 1 & 1 & 0 & 0 & 0 \\ 0 & 0 & 0 & 1 & 1 & 0 & 0 \\ 0 & 0 & 0 & 0 & 1 & 1 & 0 \\ 0 & 0 & 0 & 0 & 0 & 1 & 1 \end{bmatrix} \tag{11.86}$$

式 (11.86) に行列の行等価変換を行い，行列を規約台形正準形に変形する. 得られた行列式 (11.87) は，巡回符号の生成行列である.

$$\boldsymbol{G}_{(C)} = \begin{bmatrix} 1 & 1 & 0 & 0 & 0 & 0 & 0 \\ 1 & 0 & 1 & 0 & 0 & 0 & 0 \\ 1 & 0 & 0 & 1 & 0 & 0 & 0 \\ 1 & 0 & 0 & 0 & 1 & 0 & 0 \\ 1 & 0 & 0 & 0 & 0 & 1 & 0 \\ 1 & 0 & 0 & 0 & 0 & 0 & 1 \end{bmatrix} \begin{matrix} \\ \leftarrow 2\,\text{行} + 1\,\text{行} \\ \leftarrow 3\,\text{行} + 1\,\text{行} + 2\,\text{行} \\ \leftarrow 4\,\text{行} + 1\,\text{行} + \cdots + 3\,\text{行} \\ \leftarrow 5\,\text{行} + 1\,\text{行} + \cdots + 4\,\text{行} \\ \leftarrow 6\,\text{行} + 1\,\text{行} + \cdots + 5\,\text{行} \end{matrix} \tag{11.87}$$

ここで

$$\boldsymbol{G}_{(C)} = [\boldsymbol{P}^T, \boldsymbol{I}_4] \tag{11.88}$$

したがって

$$\boldsymbol{P} = [\ 1\ 1\ 1\ 1\ 1\ 1\ ] \tag{11.89}$$

式 (11.70) に，求まった $\boldsymbol{P}$ を用いて，巡回符号の検査行列 $\boldsymbol{H}_{(C)}$ が

$$\boldsymbol{H}_{(C)} = [\boldsymbol{I}_1, P] = [\ 1\ 1\ 1\ 1\ 1\ 1\ 1\ ] \tag{11.90}$$

と求まる．

この生成行列を用いて，巡回符号化が可能となる．また，式 (10.7) にこの情報・検査ビット関連行列 $\boldsymbol{P}$ を用いれば，情報ビットと検査ビットの関係が明らかとなる．

ここで，具体的に検査ビットと情報ビットの関係を，情報・検査ビット関連行列 $\boldsymbol{P}$ を用いて求めてみよう．

$$\boldsymbol{p} = \boldsymbol{P}\boldsymbol{x} = \begin{bmatrix} 1 & 1 & 1 & 1 & 1 & 1 \end{bmatrix} \begin{pmatrix} x_1 \\ x_2 \\ x_3 \\ x_4 \\ x_5 \\ x_6 \end{pmatrix} = \sum_{k=1}^{6} x_k \tag{11.91}$$

式 (11.91) は，検査ビットはすべての情報ビットの和と同じにすべきであることを示している．すなわち情報ビットの総和が 0 なら 0, 1 なら 1 にするということである．これは，式 (9.4) からわかるように，パリティ検査の偶数パリティの場合に対応する．

Advance Note 11 10

$n=7$ の符号，すなわち $(7,k)$ 符号を構成するには，今までの議論から x^7-1 の因数を用いる必要があることがわかる．しかし，情報ビット長 k がいくつになるかは，検査ビット長を表す，生成多項式 $G(x)$ の次数 $7-k$ がいくつであるかによる．前述したように各々の生成多項式からは，次のような符号が構成されることがわかった．

$$G(x)=1+x+x^3 \quad \rightarrow (7,4)\mathrm{Code} \tag{11.92}$$

$$G(x)=1+x^2+x^3 \quad \rightarrow (7,4)\mathrm{Code} \tag{11.93}$$

$$G(x)=1+x \quad \rightarrow (7,6)\mathrm{Code} \tag{11.94}$$

ここで，$(7,3)$ 符号の構成可能性を考えてみる．$(7,3)$ 符号は，次数 4 次の生成多項式が必要であり，それが x^7-1 の因数の中に存在するかどうかが問題となる．式(11.71) は，x^7-1 を素因数までに分解した結果であり，x^7-1 の因数は，その 3 つの他にも

$$G(x)=(1+x)(1+x+x^3)=1+x^2+x^3+x^4 \tag{11.95}$$

なども，因数である．この生成多項式 $G(x)$ の次数は 4 次なので，$(7,3)$ 符号が構成できることがわかる．

演習問題

Challenge □□□□

11-1 ★

2 元線形符号 C の 1 つの符号語が $\boldsymbol{a} = (1\ 1\ 0\ 0)$ であるとき，その巡回置換をしてできる符号語 $\boldsymbol{a}^{(k)}$ $(k = 1,\ 2,\ \cdots)$ をすべて求めなさい．

Challenge □□□□

11-2 ★

問 11.1 における $\boldsymbol{a} = (1\ 1\ 0\ 0)$ と，巡回置換してできたすべての符号語 $\boldsymbol{a}^{(k)}$ $(k = 1, 2, \cdots)$ に対する符号多項式 $F(x)$ を求めなさい．

Challenge □□□□

11-3 ★★★

生成多項式 $G(x) = 1 + x^2 + x^3$ について以下の問いに答えなさい．

(1) この生成多項式を用いて，符号長 $n = 7$ の巡回符号を構成したい．検査ビット長はいくつになりますか．

(2) 生成行列 $\boldsymbol{G}_{(C)}$ を求めなさい．

(3) 検査行列 $\boldsymbol{H}_{(C)}$ を求めなさい．

(4) ここで，$\boldsymbol{y} = (1\ 1\ 1\ 0\ 1\ 0\ 1)$ を受信したとする．シンドローム $\boldsymbol{s}$ を求め，$\boldsymbol{y}$ に誤りが存在するかどうかを判定しなさい．もし誤りがあれば，訂正し，正しい受信記号ベクトルを示しなさい．

(5) (4) で求めたシンドローム $\boldsymbol{s}$ の多項式表現 $S(x)$ を求めなさい．

(6) 他の方法で，シンドローム多項式 $S(x)$ を求め，(5) の結果と一致することを示しなさい．

Challenge □□□□

11-4 ★★★★

$(7, 3)$ 巡回符号について，次の問いに答えなさい．

(1) 構成するための生成多項式を 2 個示しなさい．

(2) その各々について，生成行列と検査行列を示しなさい．

10 進数の 2 進数への変換

ある数値が N 進数であることを

$$(a_n a_{n-1} \cdots a_2 a_1 a_0.\ a_{-1} a_{-2} \cdots a_{-m})_N \tag{A.1}$$

と表す．小数点より左の $a_n a_{n-1} \cdots a_2 a_1 a_0$ が整数部分で，右の $a_{-1} a_{-2} \cdots a_{-m}$ が小数部分である．ここで，特に 10 進数の整数部分を A_0^+，小数部分を A_{-1}^- とおくと

$$(a_n a_{n-1} \cdots a_2 a_1 a_0.\ a_{-1} a_{-2} \cdots a_{-m})_{10} = (A_0^+.\ A_{-1}^-)_{10} \tag{A.2}$$

と表せる．

10 進数を 2 進数へ変換することは

$$(A_0^+.\ A_{-1}^-)_{10} \Rightarrow (a_n a_{n-1} \cdots a_2 a_1 a_0 . a_{-1} a_{-2} \cdots a_{-m})_2 \tag{A.3}$$

を意味し，A_0^+ と A_{-1}^- が与えられたとき，$a_n, a_{n-1}, \cdots, a_2, a_1, a_0, a_{-1}, a_{-2}, \cdots, a_{-m}$ の値を求めることである．ここで，整数部分と小数部分を分けて考える．

A 1 10 進数で表された整数の 2 進数への変換

（A_0^+ が与えられたとき $a_n a_{n-1} \cdots a_2 a_1 a_0$ を求める）

$$A_0^+ = a_n 2^n + a_{n-1} 2^{n-1} + \cdots + a_2 2^2 + a_1 2 + a_0 \tag{A.4}$$

と表されるので，この式を用いて a_k（$k = 0, \cdots, n$）を求めることを考える．式 (A.4) を変形すると

$$A_0^+ = 2(a_n 2^{n-1} + a_{n-1} 2^{n-2} + \cdots + a_2 2 + a_1) + a_0 \tag{A.5}$$

となる．式 (A.5) において，a_0 は A_0^+ を 2 で割った余り（剰余）である．この

商を A_1^+ とおくと

$$A_0^+ = 2A_1^+ + a_0 \tag{A.6}$$

と表される.

式 (A.6) を一般的に書くと，次のようになる.

$$A_k^+ = 2A_{k+1}^+ + a_k \quad (k = 0, 1, \cdots, n) \tag{A.7}$$

式 (A.7) は，A_k^+ を 2 で割ったときの余りが a_k となることを意味する. 式 (A.7) の操作を，$k = 0$ から始めて，$A_{k+1}^+ = 0$ となるまで続ける. $A_{k+1}^+ = 0$ となるとき $k = n$ とすれば，そのときの余りが a_n となる. この操作の流れを具体的に示すと，以下のようである.

$$\begin{array}{lcccl} & & & \text{商} & \text{余り} \\ k=0\ \text{のとき} & A_0^+ & \rightarrow & A_1^+ & a_0 \\ k=1\ \text{のとき} & A_1^+ & \rightarrow & A_2^+ & a_1 \\ \vdots & & \vdots & & \\ k=n-1\ \text{のとき} & A_{n-1}^+ & \rightarrow & A_n^+ & a_{n-1} \\ k=n\ \text{のとき} & A_n^+ & \rightarrow & A_{n+1}^+ = \boxed{0} & a_n \end{array} \tag{A.8}$$

例 A.1　$(54)_{10}$ を 2 進数に変換する.

$A_0^+ = 54$ とおいて，式 (A.8) の操作を以下のように行う.

$$\begin{array}{lll} 2\underline{)\ 54} & (\mathrm{A}_0^+) & \\ 2\underline{)\ 27} & (\mathrm{A}_1^+) & \cdots\cdots \boxed{0}\ (\mathrm{a}_0) \\ 2\underline{)\ 13} & (\mathrm{A}_2^+) & \cdots\cdots \boxed{1}\ (\mathrm{a}_1) \\ 2\underline{)\ \ 6} & (\mathrm{A}_3^+) & \cdots\cdots \boxed{1}\ (\mathrm{a}_2) \\ 2\underline{)\ \ 3} & (\mathrm{A}_4^+) & \cdots\cdots \boxed{0}\ (\mathrm{a}_3) \\ 2\underline{)\ \ 1} & (\mathrm{A}_5^+) & \cdots\cdots \boxed{1}\ (\mathrm{a}_4) \\ \quad\ 0 & (\mathrm{A}_6^+) & \cdots\cdots \boxed{1}\ (\mathrm{a}_5) \end{array} \tag{A.9}$$

$\mathrm{A}_6^+ = 0$　(停止)

したがって

$$\begin{array}{cccccc} a_5 & a_4 & a_3 & a_2 & a_1 & a_0 \\ 1 & 1 & 0 & 1 & 1 & 0 \end{array} \quad \therefore \quad (54)_{10} = (1\,1\,0\,1\,1\,0)_2 \tag{A.10}$$

A 2　10進数で表された小数の2進数への変換

（A^-_{-1} が与えられたとき $a_{-1}a_{-2}\cdots a_{-m}$ を求める）

$$A^-_{-1} = a_{-1}2^{-1} + a_{-2}2^{-2} + \cdots + a_{-m}2^{-m} \tag{A.11}$$

と表されるので，この式を用いて a_k（$k = -1, \cdots, -m$）を求めることを考える．式 (A.11) を変形すると

$$A^-_{-1} = 2^{-1}(a_{-1} + a_{-2}2^{-1} + \cdots + a_{-m}2^{-(m-1)}) \tag{A.12}$$

となる．式 (A.12) において，a_{-1} は A^-_{-1} に 2 をかけた数値の整数部分を示す．ここで，式 (A.12) の右辺かっこ内の小数部分を A^-_{-2} とおくと

$$A^-_{-1} = 2^{-1}(a_{-1} + A^-_{-2}) \tag{A.13}$$

と表される．

式 (A.13) を一般的に書くと，次のようになる．

$$A^-_{-k} = 2^{-1}(a_{-k} + A^-_{-(k+1)}) \quad (k = 1, \cdots, m) \tag{A.14}$$

式 (A.14) は，A^-_{-k} に 2 をかけた数値の整数部分が a_{-k} となることを意味する．式 (A.14) の操作を，$k = 1$ から始めて，$A^-_{-(k+1)} = 0.0$ となるまで続ける．$A^-_{-(k+1)} = 0.0$ となるとき $k = m$ とすれば，そのときの整数部分が a_{-m} となる．この操作の流れを具体的に示すと，以下のようである．

$$\begin{array}{llcll} & & & \text{整数部分} & \text{小数部分} \\ k=1\text{のとき} & A^-_{-1} & \rightarrow & a_{-1} & A^-_{-2} \\ k=2\text{のとき} & A^-_{-2} & \rightarrow & a_{-2} & A^-_{-3} \\ \vdots & & \vdots & & \\ k=m-1\text{のとき} & A^-_{-(m-1)} & \rightarrow & a_{-(m-1)} & A^-_{-m} \\ k=m\text{のとき} & A^-_{-m} & \rightarrow & a_{-m} & A^-_{-(m+1)} = 0.0 \end{array} \tag{A.15}$$

ここで，注意すべきことは，小数部分の 2 進数への変換においては，2 進数変換した数が循環小数になることが多い（【例 A.3】）．この場合は $A^-_{-(m+1)} = 0.0$ となることはなく，すでに通ったステップに戻り，操作がループを構成し循環する．

例 A.2　（2 進数が循環小数とならない場合）$(0.625)_{10}$ を 2 進数に変換する．

$A^-_{-1} = 0.625$ とおいて，式 (A.15) の操作を以下のように行う．

$$
\begin{array}{rl}
 & 0.625\ (\mathrm{A}^-_{-1}) \\
 & \times\qquad 2 \\
\hline
1\ (a_{-1}) \leftarrow & \boxed{1}.250 \\
 & 0.25\ (\mathrm{A}^-_{-2}) \\
 & \times\qquad 2 \\
\hline
0\ (a_{-2}) \leftarrow & \boxed{0}.50 \\
 & 0.5\ (\mathrm{A}^-_{-3}) \\
 & \times\qquad 2 \\
\hline
1\ (a_{-3}) \leftarrow & \boxed{1}.0 \\
 & 0.0\quad (\mathrm{A}^-_{-4}) \\
 & \mathrm{A}^-_{-4} = 0.0\ (\text{停止})
\end{array}
\tag{A.16}
$$

したがって

$$
\begin{array}{llll}
0. & a_{-1} & a_{-2} & a_{-3} \\
0. & 1 & 0 & 1
\end{array}
\qquad \therefore \quad (0.625)_{10} = (0.101)_2 \tag{A.17}
$$

例 A.3　（2 進数が循環小数となる場合）$(0.3)_{10}$ を 2 進数に変換する．

$A^-_{-1} = 0.3$ とおいて，式 (A.15) の操作を以下のように行う．

$$
\begin{array}{rrl}
 & 0.3 & (\mathrm{A}^-_{-1}) \\
 & \times\quad 2 & \\
\hline
0\ (a_{-1}) \leftarrow & \mathbf{0}.6 & \\
 & 0.6 & (\mathrm{A}^-_{-2}) \\
 & \times\quad 2 & \\
\hline
1\ (a_{-2}) \leftarrow & \mathbf{1}.2 & \\
 & 0.2 & (\mathrm{A}^-_{-3}) \\
 & \times\quad 2 & \\
\hline
0\ (a_{-3}) \leftarrow & \mathbf{0}.4 & \\
 & 0.4 & (\mathrm{A}^-_{-4}) \\
 & \times\quad 2 & \\
\hline
0\ (a_{-4}) \leftarrow & \mathbf{0}.8 & \\
 & 0.8 & (\mathrm{A}^-_{-5}) \\
 & \times\quad 2 & \\
\hline
1\ (a_{-5}) \leftarrow & \mathbf{1}.6 & (\mathrm{A}^-_{-6})
\end{array}
\tag{A.18}
$$

したがって

$$
\begin{array}{lccccccccccc}
0. & a_{-1} & a_{-2} & a_{-3} & a_{-4} & a_{-5} & a_{-6} & a_{-7} & a_{-8} & a_{-9} & a_{-10} & \cdots \\
0. & 0 & 1 & 0 & 0 & 1 & 1 & 0 & 0 & 1 & 1 & \cdots
\end{array}
\tag{A.19}
$$

と循環小数となる．

$$
\therefore \quad (0.3)_{10} = (0.0100110011\cdots)_2 = (0.0\dot{1}00\dot{1})_2 \tag{A.20}
$$

$\log_2 x$ の数表

x	$\log x$	x	$\log x$	x	$\log x$	x	$\log x$
1	0.00000	26	4.70044	51	5.67243	76	6.24793
2	1.00000	27	4.75489	52	5.70044	77	6.26679
3	1.58496	28	4.80736	53	5.72792	78	6.28540
4	2.00000	29	4.85798	54	5.75489	79	6.30378
5	2.32193	30	4.90689	55	5.78136	80	6.32193
6	2.58496	31	4.95420	56	5.80736	81	6.33985
7	2.80736	32	5.00000	57	5.83289	82	6.35755
8	3.00000	33	5.04439	58	5.85798	83	6.37504
9	3.16993	34	5.08746	59	5.88264	84	6.39232
10	3.32193	35	5.12928	60	5.90689	85	6.40939
11	3.45943	36	5.16993	61	5.93074	86	6.42626
12	3.58496	37	5.20945	62	5.95420	87	6.44294
13	3.70044	38	5.24793	63	5.97728	88	6.45943
14	3.80736	39	5.28540	64	6.00000	89	6.47573
15	3.90689	40	5.32193	65	6.02237	90	6.49185
16	4.00000	41	5.35755	66	6.04439	91	6.50779
17	4.08746	42	5.39232	67	6.06609	92	6.52356
18	4.16993	43	5.42626	68	6.08746	93	6.53916
19	4.24793	44	5.45943	69	6.10852	94	6.55459
20	4.32193	45	5.49185	70	6.12928	95	6.56986
21	4.39232	46	5.52356	71	6.14975	96	6.58496
22	4.45943	47	5.55459	72	6.16993	97	6.59991
23	4.52356	48	5.58496	73	6.18982	98	6.61471
24	4.58496	49	5.61471	74	6.20945	99	6.62936
25	4.64386	50	5.64386	75	6.22882	100	6.64386

参考文献

1. C. E. Shannon: A mathematical theory of communication, Bell Syst. Tech. J., vol.27, pp.379–423, 1948.
2. C.E. Shannon: A mathematical theory of communication (concluded from July 1948 issue), Bell Syst. Tech. J., vol.27, pp.623–656, 1948.
3. C. E. Shannon: Communication in the presence of noise, Proc. IRE, vol.37, pp.10–21, 1949.

これらが，シャノンによって書かれた，情報理論の誕生に寄与した歴史的な論文である．これらを含め，情報理論の創生期から 20 年間の成果である種々の卓越した論文が，以下の 2 冊の本に集大成されている．

4. D. Slepian: Key Papers in The Development of Information Theory, IEEE Press, 1973.
5. D. Slepian: Key Papers in The Development of Information Theory, IEEE Press, 1974.

以下， 原著的書籍の中から，数冊を列挙する．

6. C. E. Shannon and W. Weaver: The Mathematical Theory of Communication, University of Illinois Press, 1949.
7. S. Kullback: Information Theory and Statistics, John Wiley & Sons, 1959.
8. R. G. Gallager: Information Theory and Reliable Communication, John Wiley & Sons, 1968.
9. I. Csiszar: Information Theory: Coding Theorems for Discrete Memoryless Systems, Academic Press, 1981.

情報理論と銘打つ和書は，書店の Web サイトで検索すると優に 70 を下らない本が現れる．それらの本は，各々特徴をもつが，読者の目的にあわせて，各自で選択されることを願う．

演習問題の解答例

第2章

2-1

$$H(A) = -\frac{1}{3}\log\frac{1}{3} - \frac{2}{3}\log\frac{2}{3} \approx 0.918\,\mathrm{bit}$$

2-2

$$H(A) = -\frac{1}{2}\log\frac{1}{2} - \frac{1}{4}\log\frac{1}{4} - \frac{1}{8}\log\frac{1}{8} - \frac{1}{8}\log\frac{1}{8} = \frac{7}{4} = 1.75\,\mathrm{bit}$$

2-3 (1) $a_1 =$ 表，$a_2 =$ 裏 とすると，$P(a_1) = P(a_2) = \frac{1}{2}$ となり，確率事象系 A は

$$A = \begin{Bmatrix} a_1, & a_2 \\ \frac{1}{2}, & \frac{1}{2} \end{Bmatrix}$$

となる．

(2) 自己情報量 $i(a_1)$ は

$$i(a_1) = -\log P(a_1) = -\log\frac{1}{2} = 1\,\mathrm{bit}$$

(3) 平均情報量 $H(A)$ は

$$H(A) = -\frac{1}{2}\log\frac{1}{2} - \frac{1}{2}\log\frac{1}{2} = 1\,\mathrm{bit}$$

2-4 (1) $a_1 = a, a_2 = b, \cdots, a_{26} = z$，$a_{27} = \mathrm{space}$ と考えると，確率事象系は

$$A = \begin{Bmatrix} a_1, \cdots, a_{27} \\ \frac{1}{27}, \cdots, \frac{1}{27} \end{Bmatrix}$$

となる．ここで，1 記号当たりの自己情報量は

$$i(a_k) = -\log\frac{1}{27} = \log 27 \approx 4.75 \quad (k = 1, \cdots, 27)\,\mathrm{bit}$$

(2)

$$H(A) = -\sum_{k=1}^{27} P(a_k)\log P(a_k) = -\sum_{k=1}^{27}\frac{1}{27}\log\frac{1}{27}$$
$$= \log 27 \approx 4.75\,\mathrm{bit}$$

(3) エントロピーは，$P(a_k) = \frac{1}{27}$ $(k = 1, \cdots, 27)$ とすべての事象について生起確率が等しいときに最大となるので，かたよりのある分布の場合は，エントロピーは小さくなる．詳しい証明は，

【性質 3.1】(22 ページ) に譲る．

2-5 (1) $i(\text{スペード}) = -\log\frac{1}{4} = \log 4 = 2\,\text{bit}$

(2) $i(A) = -\log\frac{1}{13} = \log 13 \approx 3.70\,\text{bit}$

(3) $i(\text{スペードの A}) = -\log\frac{1}{52} = \log 52 = 5.70\,\text{bit}$

(4) $i(\text{スペード}) + i(A) = 2 + 3.70 = 5.70 = i$（スペードの A）となり，$i(\text{スペードの A}) = i(\text{スペード}) + i(A)$ が成り立つ．これは，情報の加法性が成り立つことを意味する．

第 3 章

3-1 (1)

$$\begin{aligned}H\left(\frac{1}{3}\right) &= -\frac{1}{3}\log\frac{1}{3} - \frac{2}{3}\log\frac{2}{3}\\ &= -\frac{1}{3}(\log 1 - \log 3) - \frac{2}{3}(\log 2 - \log 3)\\ &= \frac{1}{3}\log 3 - \frac{2}{3} + \frac{2}{3}\log 3 = \log 3 - \frac{2}{3} \approx 0.918\,\text{bit}\end{aligned}$$

(2) 図 3.1 (20 ページ) より，概略はわかるが，最大値を取るときの p の値は

$$\frac{dH(p)}{dp} = \log\frac{1-p}{p} = 0 \text{ より，} \frac{1-p}{p} = 2^0 \quad \therefore\ p = \frac{1}{2}$$

となる．そのときの値 $H(1/2)$ は，最大値である．

$$H_{\max} = H\left(\frac{1}{2}\right) = -\frac{1}{2}\log\frac{1}{2} - \frac{1}{2}\log\frac{1}{2} = 1\,\text{bit}$$

> **Note 3 A**
>
> 【性質 3.1】(22 ページ) の式 (3.12) の右辺において，$n = 2$ とおいた値 $\log 2 = 1$ と一致する．

3-2 (1) 事象を，$a_k =$（サイコロの目が k）（$k = 1, \cdots, 6$）とする．

$$A = \begin{Bmatrix} a_1, & a_2, & \cdots, & a_6 \\ P(a_1), & P(a_2), & \cdots, & P(a_6) \end{Bmatrix} = \begin{Bmatrix} 1, & 2, & 3, & 4, & 5, & 6 \\ \frac{1}{6}, & \frac{1}{6}, & \frac{1}{6}, & \frac{1}{6}, & \frac{1}{6}, & \frac{1}{6} \end{Bmatrix}$$

(2) 事象として $b_1 =$（サイコロの目が 5 未満），$b_2 =$（サイコロの目が 5 以上）を考える．

$$B = \begin{Bmatrix} b_1, & b_2 \\ P(b_1), & P(b_2) \end{Bmatrix} = \begin{Bmatrix} <5, & 5 \leq \\ \frac{2}{3}, & \frac{1}{3} \end{Bmatrix}$$

(3)
$$H(A) = -\sum_{k=1}^{6} P(a_k) \log P(a_k)$$
$$= -\sum_{k=1}^{6} \frac{1}{6} \log \frac{1}{6} = \log 6 \approx 2.58 \, \mathrm{bit}$$
$$H(B) = -\sum_{k=1}^{2} P(b_k) \log P(b_k)$$
$$= -\frac{2}{3} \log \frac{2}{3} - \frac{1}{3} \log \frac{1}{3} = -\frac{2}{3} + \log 3 \approx 0.918 \, \mathrm{bit}$$

(4)
$$H(A \mid b_2) = -\sum_{k=1}^{6} P(a_k \mid b_2) \log P(a_k \mid b_2)$$

ここで

$$P(1 \mid b_2) = P(2 \mid b_2) = P(3 \mid b_2) = P(4 \mid b_2) = 0$$
$$P(5 \mid b_2) = P(6 \mid b_2) = 1/2$$

を代入すると

$$H(A \mid b_2) = -\frac{1}{2} \log \frac{1}{2} - \frac{1}{2} \log \frac{1}{2} = \log 2 = 1 \, \mathrm{bit}$$

(5)　サイコロの目が 5 未満であることが事前情報としてわかっているときの A のエントロピー $H(A|b_1)$ を求める．

$$H(A \mid b_1) = -\sum_{k=1}^{6} P(a_k \mid b_1) \log P(a_k \mid b_1)$$

ここで

$$P(1|b_1) = P(2|b_1) = P(3|b_1) = P(4|b_1) = \frac{1}{4}$$
$$P(5|b_1) = P(6|b_1) = 0$$

を代入すると

$$H(A \mid b_1) = -\frac{1}{4} \log \frac{1}{4} - \frac{1}{4} \log \frac{1}{4} - \frac{1}{4} \log \frac{1}{4} - \frac{1}{4} \log \frac{1}{4}$$
$$= 4 \times \left(-\frac{1}{4} \log \frac{1}{4} \right) = -\log \frac{1}{4} = \log 2^2 = 2 \, \mathrm{bit}$$
$$H(A \mid B) = H(A \mid b_1) P(b_1) + H(A \mid b_2) P(b_2)$$
$$= 2 \times \frac{2}{3} + 1 \times \frac{1}{3} = \frac{5}{3} \approx 1.67 \, \mathrm{bit}$$

$H(A|B)$ は，出る目が 5 未満か，5 以上かの事前情報がある場合の，A のエントロピーを表す．すなわち，出る目が 5 未満か，5 以上かの事前情報がある場合の，サイコロの目が 1 つ出たときに得られる

であろう情報量である．

(6)　図 3.4 (28 ページ) と 3.5 節の説明からわかるように，$H(A) - H(A|B)$ は相互情報量と呼ばれ，$I(A;B)$ と表される．

$$\begin{aligned} I(A;B) &= H(A) - H(A \mid B) \\ &= \log 6 - \frac{5}{3} \approx 2.585 - 1.667 = 0.918\,\mathrm{bit} \end{aligned}$$

相互情報量 $I(A;B)$ は，事前情報がもたらす情報量を表す．

Note 3 B

よくみると，ここでは $I(A;B) = 0.918 = H(B)$ となっており，この問いの場合は，$H(B|A) = 0$ となるため，$I(A;B) = H(B) - H(B|A)$ を用いて，計算した方が容易である．7.7.2 項の確定的通信路の場合にあたる．

3-3 (1)　図 3.4 (28 ページ) からわかるように

$$H(A) \leq H(A,B) \tag{3.A}$$

$$H(B) \leq H(A,B) \tag{3.B}$$

$$H(A,B) \leq H(A) + H(B) \tag{3.C}$$

が成り立つ．

(2)　[式 (3.A) と式 (3.B) の証明]

$H(A,B)$ を成分表示し，2 つの部分に分ける．

$$\begin{aligned} &H(A,B) \\ &= -\sum_A \sum_B P(a,b) \log P(a,b) \\ &= -\sum_A \sum_B P(a,b) \log P(b \mid a) P(a) \\ &= -\sum_A \sum_B P(a,b) \log P(b \mid a) - \sum_A \sum_B P(a,b) \log P(a) \\ &= -\sum_A \sum_B P(a,b) \log P(b \mid a) - \sum_A P(a) \log P(a) \\ &\qquad \left(\because \sum_B P(a,b) = P(a) \right) \\ &= H(B \mid A) + H(A) \end{aligned}$$

$$\therefore \quad H(A,B) = H(B \mid A) + H(A) \tag{3.D}$$

A と B を置き換えると，同様に

$$H(A,B) = H(A|B) + H(B) \tag{3.E}$$

が成り立つ．ここで

$$H(A|B) \geq 0, \quad H(B|A) \geq 0$$

であるから，式 (3.D)，(3.E) より

$$H(A,B) \geq H(A), \quad H(A,B) \geq H(B)$$

[式 (3.C) の証明]

3.2 節のシャノンの補助定理【補助定理 3.1】(21 ページ) を 2 変数の場合に拡張すると，

$$-\sum_A \sum_B P(a,b) \log P(a,b) \leq -\sum_A \sum_B P(a,b) \log Q(a,b) \tag{3.F}$$

となる．ここで

$$\begin{aligned} H(A,B) &= -\sum_A \sum_B P(a,b) \log P(a,b) \\ &\leq -\sum_A \sum_B P(a,b) \log P(a)P(b) \\ &\quad (\because \quad \text{式 (3.F) において } Q(a,b) = P(a)P(b) \text{ とおく}) \\ &= -\sum_A \sum_B P(a,b) \log P(a) - \sum_A \sum_B P(a,b) \log P(b) \\ &= -\sum_A P(a) \log P(a) - \sum_B P(b) \log P(b) \\ &\quad \left(\because \sum_B P(a,b) = P(a), \quad \sum_A P(a,b) = P(b) \right) \\ &= H(A) + H(B) \end{aligned}$$

$$\therefore \quad H(A,B) \leq H(A) + H(B)$$

3-4 (1) $i(\text{ジョーカー}) = -\log \dfrac{2}{54} = \log 27 \approx 4.75\,\text{bit}$

(2) $i(\text{スペード}) = -\log \dfrac{13}{54} = \log 54 - \log 13 \approx 5.75 - 3.70 = 2.05\,\text{bit}$

(3) $i(A) = -\log \dfrac{4}{54} = \log \dfrac{27}{2} = \log 27 - \log 2 \approx 4.75 - 1 = 3.75\,\text{bit}$

(4) $i(\text{スペードの A}) = -\log \frac{1}{54} = \log 54 \approx 5.75\,\text{bit}$

(5) $i(\text{スペード}) + i(A) = 2.05 + 3.75 = 5.80 > 5.75 = i$（スペードの A）より，情報の加法性は成り立たない．

(6) ジョーカーが存在するために，スペード，ハート，ダイヤ，クローバーの種類が生じる事象と，1〜13 までの数字が生ずる事象が独立でなくなるため．

Note 3 C

演習問題 2.5 においては，ジョーカーが存在しなかったため，スペード，ハート，ダイヤ，クローバーの種類が生じる事象と，1〜13 までの数字が生ずる事象が独立であったため，情報の加法性が成立した．

第 4 章

4-1

$$
\begin{aligned}
H(S) &= -\sum_{k=1}^{5} P(s_k) \log P(s_k) \\
&= -\frac{1}{2}\log\frac{1}{2} - \frac{1}{4}\log\frac{1}{4} - \frac{1}{8}\log\frac{1}{8} - \left(\frac{1}{16}\log\frac{1}{16}\right) \times 2 \\
&= \frac{1}{2}\log 2 + \frac{1}{4}\log 2^2 + \frac{1}{8}\log 2^3 + \frac{1}{8}\log 2^4 \\
&= \frac{1}{2} + \frac{1}{2} + \frac{3}{8} + \frac{4}{8} \\
&= \frac{15}{8} = 1.875 \quad \text{〔bit/記号〕}
\end{aligned}
$$

4-2 **図 4.A** 参照.

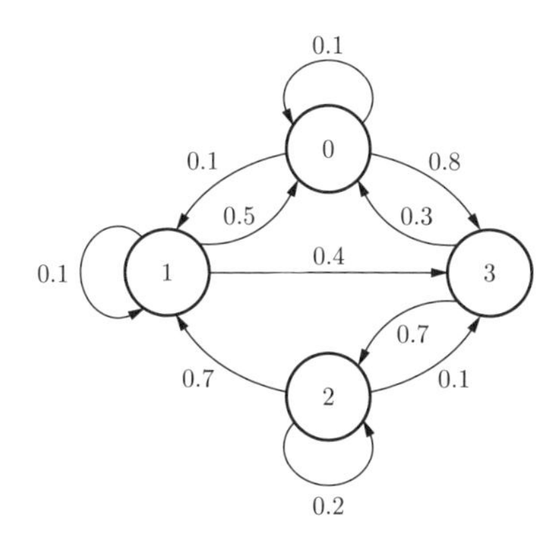

図 4.A

4-3 状態は，$2^3 = 8$ 個存在する．

aaa

aab, aba, baa

abb, bab, bba

$bbb,$

の 8 個である．

4-4 (1) **図 4.B** 参照．

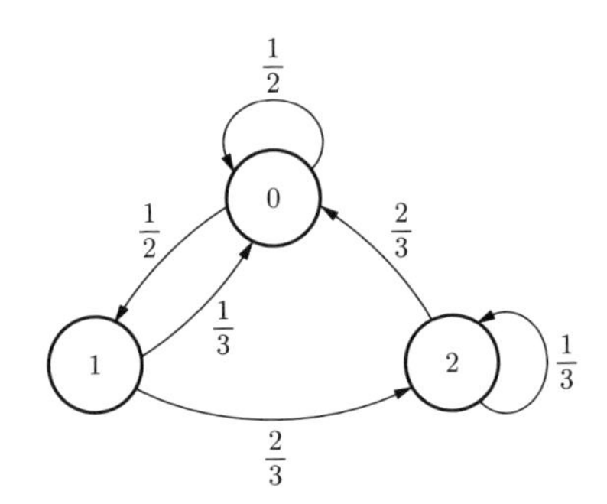

図 4.B

(2)
$$P = \begin{bmatrix} x & x & 0 \\ x & 0 & x \\ x & 0 & x \end{bmatrix}$$

$$P^2 = \begin{bmatrix} x & x & 0 \\ x & 0 & x \\ x & 0 & x \end{bmatrix} \begin{bmatrix} x & x & 0 \\ x & 0 & x \\ x & 0 & x \end{bmatrix} = \begin{bmatrix} 2x^2 & x^2 & x^2 \\ 2x^2 & x^2 & x^2 \\ 2x^2 & x^2 & x^2 \end{bmatrix}$$

$$\Rightarrow \begin{bmatrix} x & x & x \\ x & x & x \\ x & x & x \end{bmatrix}$$

P^2 の要素がすべて正になるので，正規マルコフ情報源である．

(3)
$$\boldsymbol{z} = \boldsymbol{z}\boldsymbol{P}$$

$$(z_1, z_2, z_3) = (z_1, z_2, z_3) \begin{bmatrix} \frac{1}{2} & \frac{1}{2} & 0 \\ \frac{1}{3} & 0 & \frac{2}{3} \\ \frac{2}{3} & 0 & \frac{1}{3} \end{bmatrix}$$

$$(z_1, z_2, z_3) = \left(\frac{1}{2}z_1 + \frac{1}{3}z_2 + \frac{2}{3}z_3, \frac{1}{2}z_1, \frac{2}{3}z_2 + \frac{1}{3}z_3\right)$$

$$\therefore \quad \begin{cases} z_1 = \frac{1}{2}z_1 + \frac{1}{3}z_2 + \frac{2}{3}z_3 \\ z_2 = \frac{1}{2}z_1 \\ z_3 = \frac{2}{3}z_2 + \frac{1}{3}z_3 \end{cases}$$

$$\begin{cases} 3z_1 = 2z_2 + 4z_3 & \text{(4.A)} \\ 2z_2 = z_1 & \text{(4.B)} \\ z_3 = z_2 & \text{(4.C)} \end{cases}$$

式 (4.B)，(4.C) を式 (4.A) に代入してみればわかるように，式 (4.A)，(4.B)，(4.C) の中には独立な式は 2 つしかないので，式 (4.B)，(4.C) と $\boldsymbol{z}$ が確率ベクトルであるという制約条件 $z_1 + z_2 + z_3 = 1$ を連立させて解を求める．

$$\begin{cases} z_1 = 2z_2 \\ z_2 = z_3 \\ z_1 + z_2 + z_3 = 1 \end{cases}$$

$$\therefore \quad z_1 = \frac{1}{2}, \quad z_2 = z_3 = \frac{1}{4}$$

$$\therefore \quad \boldsymbol{z} = \left(\frac{1}{2}, \frac{1}{4}, \frac{1}{4}\right)$$

(4)　正規マルコフ情報源であるため，(3) で求めた定常分布が本マルコフ情報源の発生確率 $(P(s_1), P(s_2), P(s_3)) = \left(\frac{1}{2}, \frac{1}{4}, \frac{1}{4}\right)$ となり，この値と与えられている状態遷移確率行列を用いて，発生平均情報量 (発生エントロピー) を次のように計算する．

$$H(S \mid 0) = -\sum_{k=1}^{3} P(s_k \mid 0) \log P(s_k \mid 0)$$
$$= -\frac{1}{2}\log\frac{1}{2} - \frac{1}{2}\log\frac{1}{2} = 1$$

$$
\begin{aligned}
H(S \mid 1) &= -\sum_{k=1}^{3} P(s_k \mid 1) \log P(s_k \mid 1) \\
&= -\frac{1}{3}\log\frac{1}{3} - \frac{2}{3}\log\frac{2}{3} = \log 3 - \frac{2}{3} \\
H(S \mid 2) &= -\sum_{k=1}^{3} P(s_k \mid 2) \log P(s_k \mid 2) \\
&= -\frac{2}{3}\log\frac{2}{3} - \frac{1}{3}\log\frac{1}{3} = \log 3 - \frac{2}{3} \\
H(S \mid S) &= \sum_{k=1}^{3} H(S \mid s_k) P(s_k) \\
&= H(S \mid 0)P(0) + H(S \mid 1)P(1) + H(S \mid 2)P(2) \\
&= 1 \times \frac{1}{2} + \left(\log 3 - \frac{2}{3}\right) \times \frac{1}{4} + \left(\log 3 - \frac{2}{3}\right) \times \frac{1}{4} \\
&= \frac{1}{2}\left(\frac{1}{3} + \log 3\right) \approx 0.959 \quad \text{〔bit/記号〕}
\end{aligned}
$$

(5)　次の無記憶情報源の発生平均情報量（発生エントロピー）を求めればよい．

$$
\bar{S} = \begin{Bmatrix} 0, & 1, & 2 \\ \frac{1}{2}, & \frac{1}{4}, & \frac{1}{4} \end{Bmatrix}
$$

$$
\begin{aligned}
H(\bar{S}) &= -\sum_{k=1}^{3} P(s_k) \log P(s_k) \\
&= -\frac{1}{2}\log\frac{1}{2} - \frac{1}{4}\log\frac{1}{4} - \frac{1}{4}\log\frac{1}{4} \\
&= \frac{3}{2} = 1.5 \quad \text{〔bit/記号〕}
\end{aligned}
$$

(6)　$H(S \mid S) = 0.959 \leq H(\bar{S}) = 1.5$

マルコフ情報源 S とその随伴情報源 $\bar{S}$ は，情報源記号の発生確率は等しいが，マルコフ情報源 S においては，情報源記号が相互に独立ではなく，随伴情報源 $\bar{S}$ では，独立である．したがって，マルコフ情報源のエントロピー $H(S|S)$ は，その随伴情報源のエントロピー $H(\bar{S})$ よりも，従属しあっているだけ小さくなる．

Advance Note 4 A

一般にマルコフ情報源 S とその随伴情報源 $\bar{S}$ に対して

$$H(S|S) \leq H(\bar{S})$$

が成り立つことが，証明される．

4-5 (1) $\boldsymbol{P}^2, \boldsymbol{P}^3, \cdots$ と求めていくと

$$\boldsymbol{P}^t = \begin{cases} \begin{bmatrix} 1 & 0 \\ 0 & 1 \end{bmatrix} & (t : \text{偶数}) \\ \begin{bmatrix} 0 & 1 \\ 1 & 0 \end{bmatrix} & (t : \text{奇数}) \end{cases}$$

となることがわかる．

(2)

$$\boldsymbol{P} + \boldsymbol{P}^2 + \cdots + \boldsymbol{P}^t = \begin{bmatrix} 0 & 1 \\ 1 & 0 \end{bmatrix} + \begin{bmatrix} 1 & 0 \\ 0 & 1 \end{bmatrix} + \cdots$$

$$= \begin{cases} \begin{bmatrix} \frac{t}{2} & \frac{t}{2} \\ \frac{t}{2} & \frac{t}{2} \end{bmatrix} & (t : \text{偶数}) \\ \begin{bmatrix} \frac{t-1}{2} & \frac{t+1}{2} \\ \frac{t+1}{2} & \frac{t-1}{2} \end{bmatrix} & (t : \text{奇数}) \end{cases}$$

したがって

$$\frac{1}{t}(\boldsymbol{P} + \boldsymbol{P}^2 + \cdots + \boldsymbol{P}^t) = \begin{cases} \begin{bmatrix} \frac{1}{2} & \frac{1}{2} \\ \frac{1}{2} & \frac{1}{2} \end{bmatrix} & (t : \text{偶数}) \\ \begin{bmatrix} \frac{1}{2} - \frac{1}{2t} & \frac{1}{2} + \frac{1}{2t} \\ \frac{1}{2} + \frac{1}{2t} & \frac{1}{2} - \frac{1}{2t} \end{bmatrix} & (t : \text{奇数}) \end{cases}$$

$$\therefore \quad \boldsymbol{V} = \lim_{t\to\infty} \frac{1}{t}(\boldsymbol{P} + \boldsymbol{P}^2 + \cdots + \boldsymbol{P}^t) = \begin{bmatrix} \frac{1}{2} & \frac{1}{2} \\ \frac{1}{2} & \frac{1}{2} \end{bmatrix}$$

(3)

$$\boldsymbol{V} = \theta \boldsymbol{w}$$

$$\begin{bmatrix} \frac{1}{2} & \frac{1}{2} \\ \frac{1}{2} & \frac{1}{2} \end{bmatrix} = \begin{pmatrix} 1 \\ 1 \end{pmatrix} (w_1, w_2)$$

$$\therefore \quad \boldsymbol{w} = (w_1, w_2) = \left(\frac{1}{2}, \frac{1}{2}\right)$$

(4)

$$\boldsymbol{z} = \boldsymbol{z}\boldsymbol{P}$$

$$(z_1, z_2) = (z_1, z_2) \begin{bmatrix} 0 & 1 \\ 1 & 0 \end{bmatrix} = (z_2, z_1)$$

$$\therefore \quad z_1 = z_2$$

ここで，$\boldsymbol{z}$ の確率ベクトルとしての制約条件 $z_1 + z_2 = 1$ と連立させて

$$\begin{cases} z_1 = z_2 \\ z_1 + z_2 = 1 \end{cases}$$

を解いて

$$z_1 = \frac{1}{2}, \quad z_2 = \frac{1}{2}$$

$$\therefore \quad \boldsymbol{z} = \left(\frac{1}{2}, \frac{1}{2}\right)$$

(5) (3) と (4) の結果から，$\boldsymbol{z} = \boldsymbol{w}$ となることがわかる．$\boldsymbol{z}$ は定常分布であり，$\boldsymbol{w}$ は状態分布の時間平均（時間平均分布）を表しているので，[定常分布] = [時間平均分布] が成り立っている．これは [確率空間での分布] = [長時間観測での頻度分布] を意味しており，エルゴード性が成り立っていることを示す．

(6) (1) や (5) の結果などから，エルゴードマルコフ情報源であることがわかる．

第 5 章

5-1 **図 5.A** 参照.

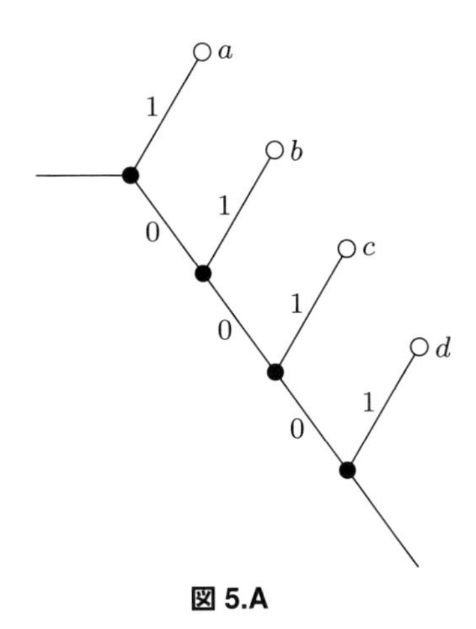

図 5.A

5-2 (1) 情報源符号化定理【定理 5.1】の【系 5.1】(76 ページ)より,

$$L_2 = H(S) = -\frac{1}{2}\log\frac{1}{2} - \frac{1}{4}\log\frac{1}{4} - \frac{1}{8}\log\frac{1}{8} - \frac{1}{8}\log\frac{1}{8}$$
$$= \frac{7}{4} = 1.75$$

(2) 情報源符号化定理【定理 5.1】(75 ページ)より

$$L_3 = \frac{H(S)}{\log 3} = \frac{7}{4\log 3} \approx 1.10$$

(3) L_2 と L_3 の大小を比較すると，$L_2 > L_3$ であり，3 元瞬時符号の方が 2 元瞬時符号よりも短い符号で構成できるといえる．この理由は，同じ符号語長 1 であっても，記号数 $r = 2$ では違いを 2 つしか表せないが，$r = 3$ では 3 つの違いを表せるからである．すなわち，3 元瞬時符号の方が，同じ符号語長でたくさんの情報を表現できるからである．

5-3 (1) C_1，$C2$

C_1 では，10110 $\to$ bc または ea，C_2 では，1101 $\to$ ae または ba となるから，両符号は，一意に復号不可能な符号である．

(2) C_3，C_5，C_6

各々の符号木を描いてみれば，明らかである．C_3，C_5，C_6 は，その終端に符号が割り振られているが，C_4 は，枝の途中に符号が割り振られており（語頭（プレフィックス）が他の符号となっており）一意に復号可能であるが，瞬時符号ではない．

(3) C_6

瞬時符号 C_3，C_5，C_6 の中から選べばよい．その中で平均符号長が一番短いものを最適とする．C_3 と C_6 を比べると，計算するまでもなく C_6 の平均符号長が短いことがわかる．残りの C_5 と C_6 について，平均符号長を計算する．

$$L_{C_5}=\frac{1}{2}\times3+\frac{1}{4}\times3+\frac{1}{8}\times3+\frac{1}{16}\times3+\frac{1}{16}\times3=1\times3=3$$

$$L_{C_6}=\frac{1}{2}\times1+\frac{1}{4}\times2+\frac{1}{8}\times3+\frac{1}{16}\times4+\frac{1}{16}\times4=\frac{15}{8}=1.875$$

$L_{C_6}<L_{C_5}$ なので，C_6 が最適な符号である．

5-4 クラフトの不等式を満足するかどうかを判定する．

(1) できない．

$$\sum_{k=1}^{4}2^{-\ell_k}=2^{-1}+2^{-2}+2^{-2}+2^{-2}=\frac{1}{2}+\frac{1}{4}+\frac{1}{4}+\frac{1}{4}=\frac{5}{4}>1$$

(2) できる．

$$\sum_{k=1}^{4}3^{-\ell_k}=3^{-1}+3^{-2}+3^{-2}+3^{-2}=\frac{1}{3}+\frac{1}{9}+\frac{1}{9}+\frac{1}{9}=\frac{6}{9}\leq1$$

(3) できる．

$$\sum_{k=1}^{4}3^{-\ell_k}=3^{-1}+3^{-1}+3^{-2}+3^{-2}=\frac{1}{3}+\frac{1}{3}+\frac{1}{9}+\frac{1}{9}=\frac{8}{9}\leq1$$

(4) できる．

$$\sum_{k=1}^{4}2^{-\ell_k}=2^{-2}+2^{-2}+2^{-2}+2^{-3}=\frac{1}{4}+\frac{1}{4}+\frac{1}{4}+\frac{1}{8}=\frac{7}{8}\leq1$$

(5) できる．

$$\sum_{k=1}^{4}2^{-\ell_k}=2^{-2}+2^{-2}+2^{-2}+2^{-2}=\frac{1}{4}+\frac{1}{4}+\frac{1}{4}+\frac{1}{4}=1\leq1$$

5-5

$$S^3=\begin{Bmatrix}000, & 001, & 010, & 100, & 011, & 101, & 110, & 111\\ \dfrac{1}{64}, & \dfrac{3}{64}, & \dfrac{3}{64}, & \dfrac{3}{64}, & \dfrac{9}{64}, & \dfrac{9}{64}, & \dfrac{9}{64}, & \dfrac{27}{64}\end{Bmatrix}$$

ここで，無記憶情報源なので，その発生確率は，たとえば

$$P(001) = P(0)P(0)P(1) = \frac{1}{4} \times \frac{1}{4} \times \frac{3}{4} = \frac{3}{64}$$

のように計算する．

第 6 章

6-1 **図 6.A** 参照．

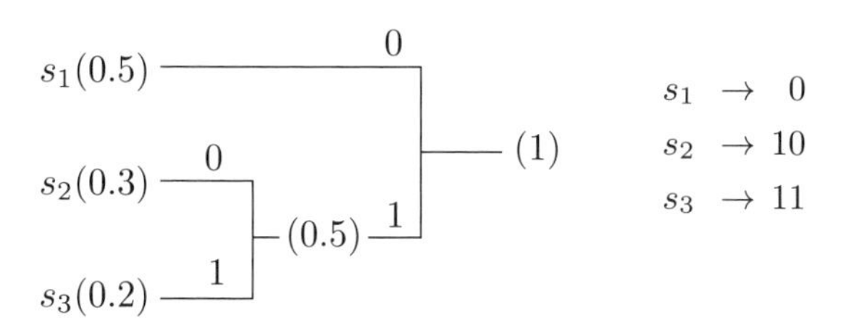

図 6.A

6-2 ① 符号語長は

$$-\log 0.5 \le \ell_1 < -\log 0.5 + 1 \quad \therefore\ \ell_1 = 1$$

$$-\log 0.3 \le \ell_2 < -\log 0.3 + 1 \quad \therefore\ \ell_2 = 2$$

$$-\log 0.2 \le \ell_3 < -\log 0.2 + 1 \quad \therefore\ \ell_3 = 3$$

② $P_1 = 0$

$$P_2 = P_1 + P(s_1) = 0 + 0.5 = 0.5$$

$$P_3 = P_2 + P(s_2) = 0.5 + 0.3 = 0.8$$

③ 2 進数展開

$$\begin{array}{lll} P_1 = 0 & \to & 0.\mathbf{0}0\cdots \\ P_2 = 0.5 & \to & 0.\mathbf{10}0\cdots \\ P_3 = 0.8 & \to & 0.\mathbf{110}0\cdots \end{array} \quad \therefore \begin{cases} s_1 \to 0 \\ s_2 \to 10 \\ s_3 \to 110 \end{cases}$$

6-3 (1)

$$\begin{aligned} H(S) &= -\sum_S P(s)\log P(s) \\ &= -\frac{1}{4}\log\frac{1}{4} - \frac{3}{4}\log\frac{3}{4} \\ &= 2 - \frac{3}{4}\log 3 \approx 0.811 \quad \text{〔bit/記号〕} \end{aligned}$$

(2)

$$b\left(\frac{3}{4}\right) \overset{0}{—}\ \left(\frac{4}{4}\right), \quad a\left(\frac{1}{4}\right) \overset{1}{—}$$

$a \rightarrow 1$
$b \rightarrow 0$

$$\therefore \quad L^{(1)} = 1$$

(3)
$$S^2 = \begin{Bmatrix} aa, & ab, & ba, & bb \\ \dfrac{1}{16}, & \dfrac{3}{16}, & \dfrac{3}{16}, & \dfrac{9}{16} \end{Bmatrix}$$

発生確率の大きい順に並び替える.

$$\begin{Bmatrix} bb, & ba, & ab, & aa \\ \dfrac{9}{16}, & \dfrac{3}{16}, & \dfrac{3}{16}, & \dfrac{1}{16} \end{Bmatrix}$$

$bb\left(\frac{9}{16}\right)$ 0, $ba\left(\frac{3}{16}\right)$ 1, $ab\left(\frac{3}{16}\right)$ 0, $aa\left(\frac{1}{16}\right)$ 1, $\left(\frac{4}{16}\right)$ 0, $\left(\frac{7}{16}\right)$ 1, $\left(\frac{16}{16}\right)$

$bb \rightarrow 0$
$ba \rightarrow 11$
$ab \rightarrow 100$
$aa \rightarrow 101$

$$L_2 = \sum_S \ell_s P(s) = 3 \times \frac{1}{16} + 3 \times \frac{3}{16} + 2 \times \frac{3}{16} + 1 \times \frac{9}{16} = \frac{27}{16}$$

$$\therefore \quad L^{(2)} = \frac{L_2}{2} = \frac{27}{32} \approx 0.844$$

また，符号木は以下の**図 6.B** のようになる.

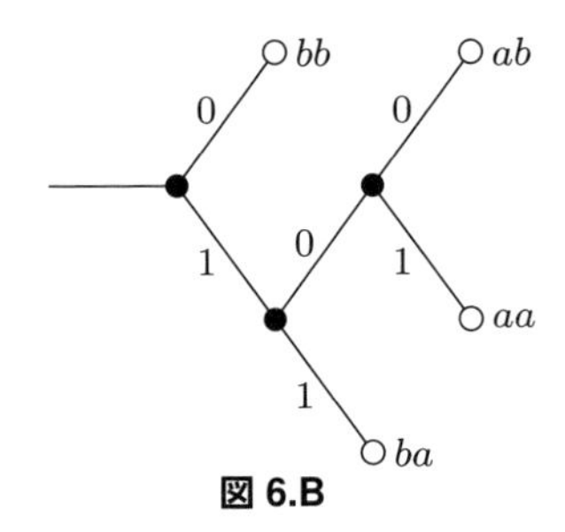

図 6.B

> **Note** **6** **A**
>
> *ab* と *ba* の発生確率は等しいので，大きい順に並べたとき，ここでの順とは逆転した順番に並べて符号化してもよい．

(4)

$$S^3 = \left\{ \begin{array}{cccccccc} aaa, & aab, & aba, & baa, & abb, & bab, & bba, & bbb \\ \frac{1}{64}, & \frac{3}{64}, & \frac{3}{64}, & \frac{3}{64}, & \frac{9}{64}, & \frac{9}{64}, & \frac{9}{64}, & \frac{27}{64} \end{array} \right\}$$

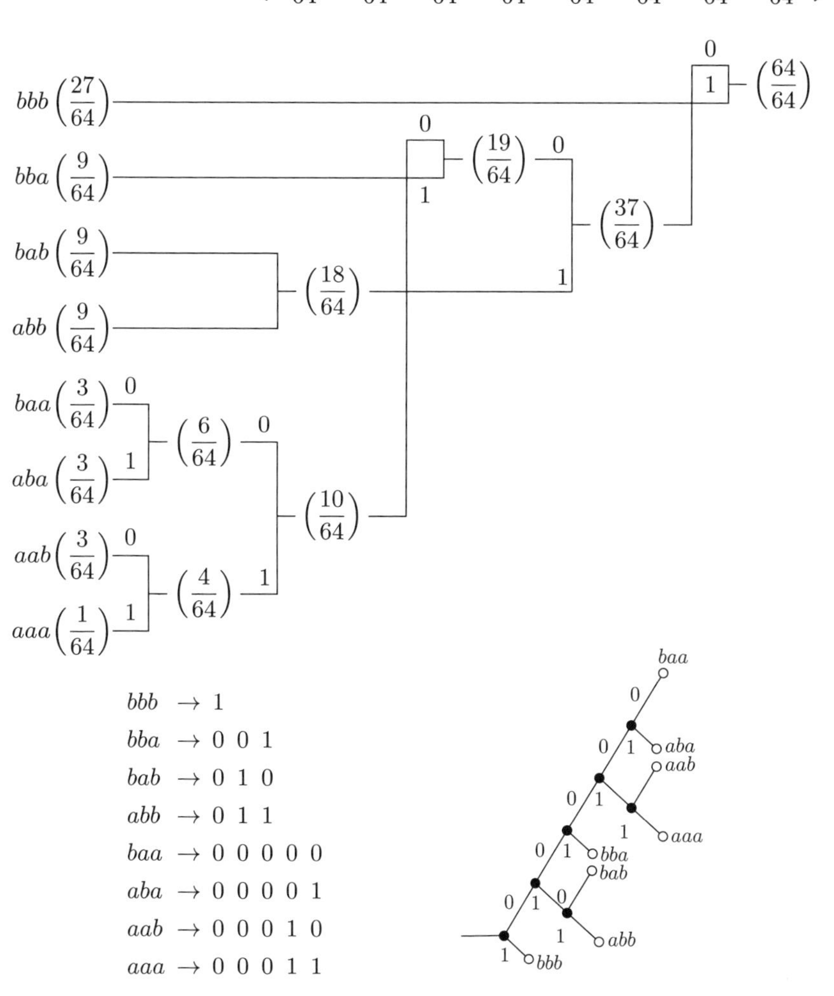

$$L_3 = 1\times\frac{27}{64} + \left(3\times\frac{9}{64}\right)\times 3 + \left(5\times\frac{3}{64}\right)\times 3 + 5\times\frac{1}{64} = \frac{158}{64}$$

$$\therefore\quad L^{(3)} = \frac{L_3}{3} = \frac{158}{192} = \frac{79}{96} \approx 0.823$$

Note 6 B

S^3 の中には，等確率のものが種々あるので，示した符号が一意ではなく別の符号が多数存在する．

(5)
$$L^{(1)} = 1 > L^{(2)} \approx 0.844 > L^{(3)} \approx 0.823 > \cdots \to H(S) \approx 0.811$$

拡大情報源の次数 N が 2,3,$\cdots$ と大きくなるにつれて，情報源符号化の最短を示す下限である情報源の発生エントロピー $H(S)$ に近づいていくことがわかる．すなわち，情報源符号化定理【定理 5.1】の【系 5.1】(76 ページ)を満足していると考えられる．これを，効率で評価すると

$$e^{(1)} = \frac{H(S)}{L^{(1)}} = 0.811 < e^{(2)} = 0.961 < e^{(3)} = 0.985 \cdots \to 1$$

冗長度で評価すると

$$r^{(1)} = 1 - e^{(1)} = 0.189 > r^{(2)} = 0.039 > r^{(3)} = 0.015 \cdots \to 0$$

となることがわかる．

6-4 (1)
$$\begin{aligned}
H(S) &= -\sum_{k=1}^{5} P(s_k)\log P(s_k) \\
&= -\frac{1}{2}\log\frac{1}{2} - \frac{1}{4}\log\frac{1}{4} - \frac{1}{8}\log\frac{1}{8} - \left(\frac{1}{16}\log\frac{1}{16}\right)\times 2 \\
&= \frac{1}{2}\log 2 + \frac{1}{4}\log 2^2 + \frac{1}{8}\log 2^3 + \frac{1}{8}\log 2^4 \\
&= \frac{1}{2} + \frac{1}{2} + \frac{3}{8} + \frac{4}{8} \\
&= \frac{15}{8} = 1.875 \quad \text{〔bit/記号〕}
\end{aligned}$$

(2)

$a\left(\frac{1}{2}\right)$, $b\left(\frac{1}{4}\right)$, $c\left(\frac{1}{8}\right)$, $d\left(\frac{1}{16}\right)$, $e\left(\frac{1}{16}\right)$

$\left(\frac{1}{8}\right)$, $\left(\frac{1}{4}\right)$, $\left(\frac{1}{2}\right)$, $\left(\frac{2}{2}\right)$

$a \rightarrow 0$
$b \rightarrow 10$
$c \rightarrow 110$
$d \rightarrow 1110$
$e \rightarrow 1111$

$$L = 1 \times \frac{1}{2} + 2 \times \frac{1}{4} + 3 \times \frac{1}{8} + 4 \times \frac{1}{16} + 4 \times \frac{1}{16} = \frac{15}{8}$$

$$e = \frac{H(S)}{L} = 1$$

$$r = 1 - e = 0$$

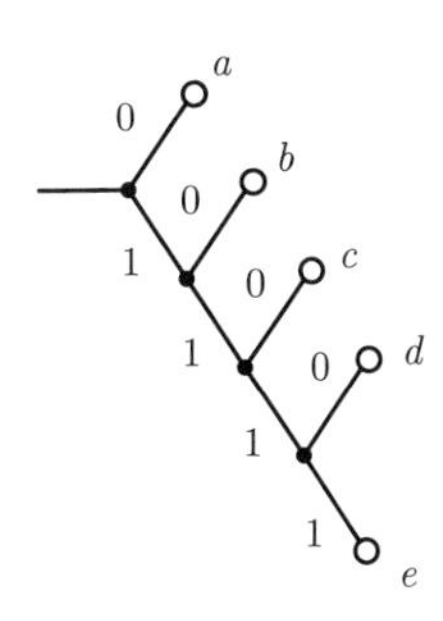

(3) ① 符号語長は

$$-\log 2^{-1} \leq \ell_a < -\log 2^{-1} + 1 \quad \therefore \ell_a = 1$$

$$-\log 2^{-2} \leq \ell_b < -\log 2^{-2} + 1 \quad \therefore \ell_b = 2$$

$$-\log 2^{-3} \leq \ell_c < -\log 2^{-3} + 1 \quad \therefore \ell_c = 3$$

$$-\log 2^{-4} \leq \ell_d < -\log 2^{-4} + 1 \quad \therefore \ell_d = 4$$

$$-\log 2^{-4} \leq \ell_e < -\log 2^{-4} + 1 \quad \therefore \ell_e = 4$$

②

$$P_1 = 0$$

$$P_2 = P_1 + P(s_1) = 0 + \frac{1}{2} = \frac{1}{2} = 0.5$$

$$P_3 = P_2 + P(s_2) = \frac{1}{2} + \frac{1}{4} = \frac{3}{4} = 0.75$$

$$P_4 = P_3 + P(s_3) = \frac{3}{4} + \frac{1}{8} = \frac{7}{8} = 0.875$$

$$P_5 = P_4 + P(s_4) = \frac{7}{8} + \frac{1}{16} = \frac{15}{16} = 0.9375$$

③　2 進数展開

$$\begin{array}{lll} P_1 = 0 & \to & 0.00\cdots \\ P_2 = 0.5 & \to & 0.100\cdots \\ P_3 = 0.75 & \to & 0.1100\cdots \\ P_4 = 0.875 & \to & 0.11100\cdots \\ P_5 = 0.9375 & \to & 0.11110\cdots \end{array} \quad \therefore \begin{cases} a & \to & 0 \\ b & \to & 10 \\ c & \to & 110 \\ d & \to & 1110 \\ e & \to & 1111 \end{cases}$$

$$L = 1 \times \frac{1}{2} + 2 \times \frac{1}{4} + 3 \times \frac{1}{8} + 4 \times \frac{1}{16} + 4 \times \frac{1}{16} = \frac{15}{8}$$

$$e = \frac{H(S)}{L} = 1$$

$$r = 1 - e = 0$$

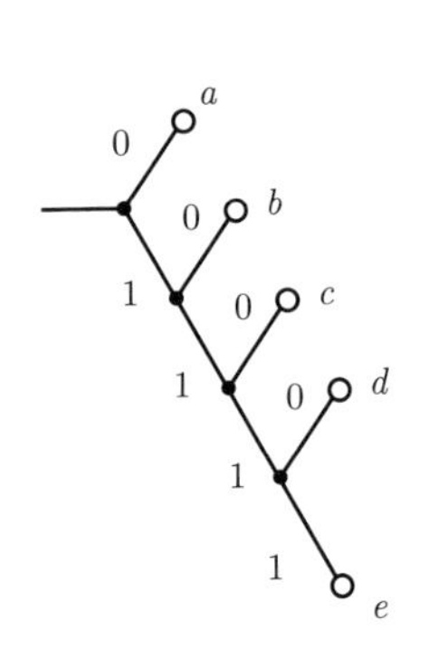

(4)　両符号化とも，効率 $e = 1$ なので，平均符号長 $L =$ 発生エントロピー $H(S)$ となり，両符号ともコンパクト符号となっている．シャノン・ファノ符号において符号語長を決定するとき

$$-\log P(s_k) \leq \ell_k < -\log P(s_k) + 1$$

の間の正の整数（自然数）を一般には選ぶが，この問題の場合は，左の不等式で ℓ_k が決定される．すなわち

$$\ell_k = -\log P(s_k)$$

であるため，コンパクト符号であることが保証されているハフマン符号とたまたま平均符号長が一致したといえる．

第 7 章

7-1　(1)

$$H(A) = -\sum_A P(a) \log P(a)$$

$$= -\frac{3}{4}\log\frac{3}{4} - \frac{1}{4}\log\frac{1}{4} = 2 - \frac{3}{4}\log 3 \approx 0.811 \text{〔bit/記号〕}$$

(2)　$m = 2$

(3)

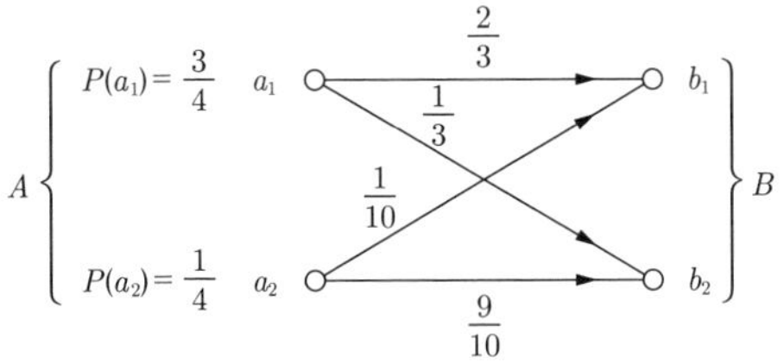

(4)

$$P(b_1) = P(b_1 \mid a_1)P(a_1) + P(b_1 \mid a_2)P(a_2)$$

$$= \frac{2}{3} \times \frac{3}{4} + \frac{1}{10} \times \frac{1}{4} = \frac{21}{40}$$

$$P(b_2) = P(b_2 \mid a_1)P(a_1) + P(b_2 \mid a_2)P(a_2)$$

$$= \frac{1}{3} \times \frac{3}{4} + \frac{9}{10} \times \frac{1}{4} = \frac{19}{40}$$

(5)

$$P(a_1 \mid b_1) = \frac{P(b_1 \mid a_1)P(a_1)}{P(b_1)} = \frac{\frac{2}{3} \times \frac{3}{4}}{\frac{21}{40}} = \frac{20}{21}$$

$$P(a_1 \mid b_2) = \frac{P(b_2 \mid a_1)P(a_1)}{P(b_2)} = \frac{\frac{1}{3} \times \frac{3}{4}}{\frac{19}{40}} = \frac{10}{19}$$

$$P(a_2 \mid b_1) = \frac{P(b_1 \mid a_2)P(a_2)}{P(b_1)} = \frac{\frac{1}{10} \times \frac{1}{4}}{\frac{21}{40}} = \frac{1}{21}$$

$$P(a_2 \mid b_2) = \frac{P(b_2 \mid a_2)P(a_2)}{P(b_2)} = \frac{\frac{9}{10} \times \frac{1}{4}}{\frac{19}{40}} = \frac{9}{19}$$

7-2 (1)

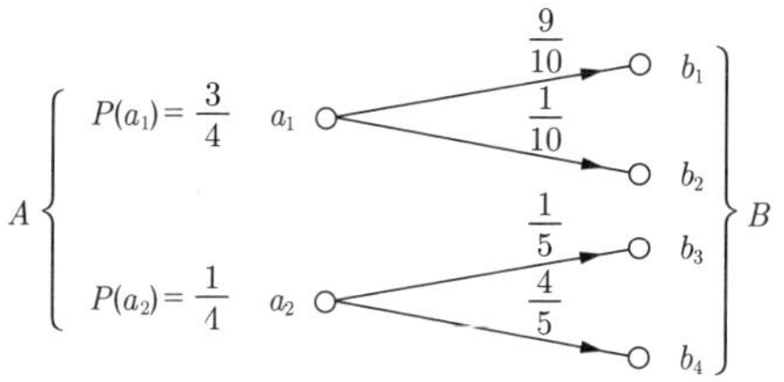

$$A\left\{\begin{array}{l} P(a_1)=\frac{3}{4} \quad a_1 \xrightarrow{9/10} b_1,\ a_1 \xrightarrow{1/10} b_2 \\ P(a_2)=\frac{1}{4} \quad a_2 \xrightarrow{1/5} b_3,\ a_2 \xrightarrow{4/5} b_4 \end{array}\right\} B$$

(2) 雑音のない通信路

(3)
$$\begin{aligned} I(A;B) &= H(A)-H(A\,|\,B) \\ &= H(A) \quad (\because \text{雑音のない通信路なので,} \quad H(A\,|\,B)=0) \\ &= -\sum_{A} P(a)\log P(a) = -\frac{3}{4}\log\frac{3}{4}-\frac{1}{4}\log\frac{1}{4} \\ &= 2-\frac{3}{4}\log 3 \approx 0.811 \quad \text{〔bit/記号〕} \end{aligned}$$

7-3 (1)

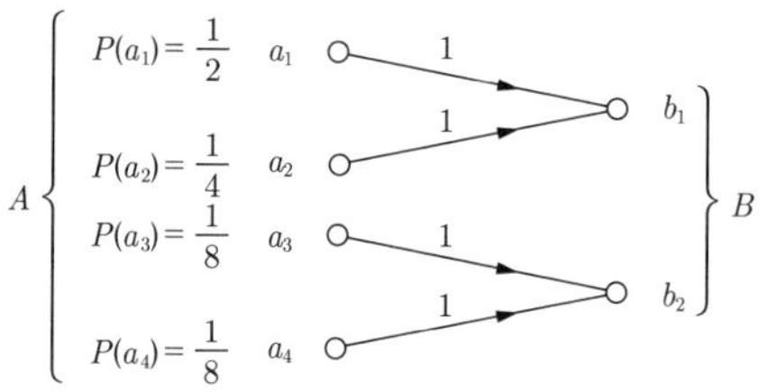

$$A\left\{\begin{array}{l} P(a_1)=\frac{1}{2} \quad a_1 \xrightarrow{1} b_1 \\ P(a_2)=\frac{1}{4} \quad a_2 \xrightarrow{1} b_1 \\ P(a_3)=\frac{1}{8} \quad a_3 \xrightarrow{1} b_2 \\ P(a_4)=\frac{1}{8} \quad a_4 \xrightarrow{1} b_2 \end{array}\right\} B$$

(2) 確定的通信路

(3)
$$\begin{aligned} I(A;B) &= H(B)-H(B|A) \\ &= H(B) \quad (\because \text{確定的通信路なので,} \ H(B|A)=0) \end{aligned}$$

したがって，$P(b_1)$，$P(b_2)$ を求める．

$$P(b_1)=P(b_1|a_1)P(a_1)+P(b_1|a_2)P(a_2)=1\times\frac{1}{2}+1\times\frac{1}{4}=\frac{3}{4}$$

$$P(b_2)=P(b_2|a_3)P(a_3)+P(b_2|a_4)P(a_4)=1\times\frac{1}{8}+1\times\frac{1}{8}=\frac{1}{4}$$

$$\begin{aligned} H(B) &= -\sum_{B} P(b)\log P(b) = -\frac{3}{4}\log\frac{3}{4}-\frac{1}{4}\log\frac{1}{4} \\ &= 2-\frac{3}{4}\log 3 \approx 0.811 \end{aligned}$$

$$\therefore \quad I(A;B)=H(B)\approx 0.811 \ \text{〔bit/記号〕}$$

7-4 (1)

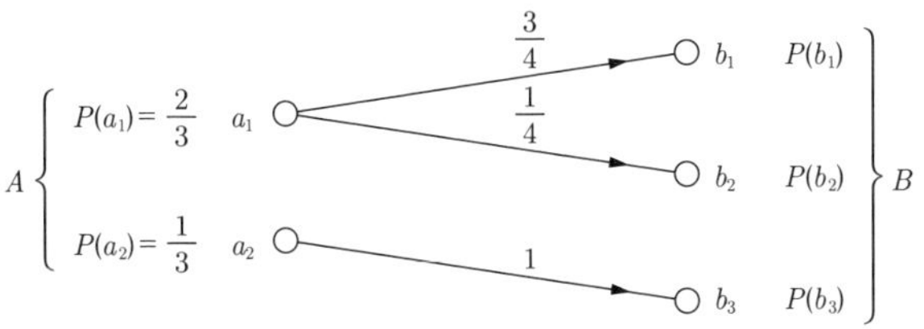

$A \left\{ \begin{array}{l} P(a_1) = \frac{2}{3} \quad a_1 \\ P(a_2) = \frac{1}{3} \quad a_2 \end{array} \right.$ $a_1 \xrightarrow{\frac{3}{4}} b_1$, $a_1 \xrightarrow{\frac{1}{4}} b_2$, $a_2 \xrightarrow{1} b_3$ $\left. \begin{array}{ll} b_1 & P(b_1) \\ b_2 & P(b_2) \\ b_3 & P(b_3) \end{array} \right\} B$

(2)
$$
\begin{aligned}
H(A) &= -\sum_{A} P(a) \log P(a) \\
&= -\frac{2}{3} \log \frac{2}{3} - \frac{1}{3} \log \frac{1}{3} = \log 3 - \frac{2}{3} \\
&\approx 0.918 \text{〔bit/記号〕}
\end{aligned}
$$

(3)　まず，式 (7.18) の両辺の転置を用いて受信記号の生起確率を求める．

$$
\begin{bmatrix} P(b_1) \\ P(b_2) \\ P(b_3) \end{bmatrix} = \boldsymbol{T}^T \begin{bmatrix} P(a_1) \\ P(a_2) \end{bmatrix} = \begin{bmatrix} \frac{3}{4} & 0 \\ \frac{1}{4} & 0 \\ 0 & 1 \end{bmatrix} \begin{bmatrix} \frac{2}{3} \\ \frac{1}{3} \end{bmatrix} = \begin{bmatrix} \frac{1}{2} \\ \frac{1}{6} \\ \frac{1}{3} \end{bmatrix}
$$

$$
\therefore \quad P(b_1) = \frac{1}{2}, \quad P(b_2) = \frac{1}{6}, \quad P(b_3) = \frac{1}{3}
$$

$$
\begin{aligned}
H(B) &= -\sum_{B} P(b) \log P(b) \\
&= -\frac{1}{2} \log \frac{1}{2} - \frac{1}{6} \log \frac{1}{6} - \frac{1}{3} \log \frac{1}{3} \\
&= \frac{1}{6}(3 + 2\log 3 + \log 6) \approx 1.459 \quad \text{〔bit/記号〕}
\end{aligned}
$$

(4)　本通信路は，雑音のない通信路なので，$H(A|B) = 0$ より

$$
\begin{aligned}
I(A;B) &= H(A) - H(A|B) = H(A) = \log 3 - \frac{2}{3} \\
&\approx 0.918 \quad \text{〔bit/記号〕}
\end{aligned}
$$

(5)　送信記号（入力記号）の発生確率を $P(a_1) = x$，$P(a_2) = 1 - x$ とする．すなわち

$$
A = \begin{Bmatrix} a_1 & a_2 \\ x & 1 - x \end{Bmatrix}
$$

に対して

$$
C = \max_{x} I(A;B)
$$

$$= \max_x H(A)$$

$$= \max_x\{-x\log x - (1-x)\log(1-x)\}$$

$$= \max_x H(x) = 1 \quad \left(x = \frac{1}{2}\right)$$

したがって

$$C = 1 \ 〔ビット/記号〕$$

7-5 (1) 2 元対称通信路

(2) 誤り確率

(3)
$$P(b_1) = (1-p)x + p(1-x) = x + p - 2px$$
$$P(b_2) = (1-p)(1-x) + px = 1 - (x + p - 2px)$$

(4) $x + p - 2px = \alpha$ とおくと，$P(b_1) = \alpha$，$P(b_2) = 1 - \alpha$ となり

$$H(B) = -\alpha\log\alpha - (1-\alpha)\log(1-\alpha) = H(\alpha)$$

エントロピー関数で表される．

(5)
$$H(B \mid A) = -\sum_A\sum_B P(a,b)\log P(b \mid a)$$
$$= -p\log p - (1-p)\log(1-p)$$
$$= H(p)$$

(6) 一般の定義は，7.8 節の式 (7.60) (105 ページ)で与えられるが，本問では，$n = 2$ であり，$P(a_1) = x$，$P(a_2) = 1 - x$ とおいているので

$$C = \max_{0 \leq x \leq 1} I(A;B)$$

(7) (4)，(5) から

$$I(A;B) = H(B) - H(B|A) = H(\alpha) - H(p)$$

(6) より

$$C = \max_{0 \leq x \leq 1} I(A;B)$$
$$= \max_a[H(\alpha) - H(p)]$$
$$= \max_a[H(\alpha)] - H(p)$$

ここで，$H(\alpha)$ は $\alpha = \frac{1}{2}$ $(x = \frac{1}{2})$ で最大値 1 をとる．

$$\therefore \quad C = 1 - H(p)$$

(8)　$C = C(p) = 1 - H(p)$ を図示すると**図 7.A** のようになる．

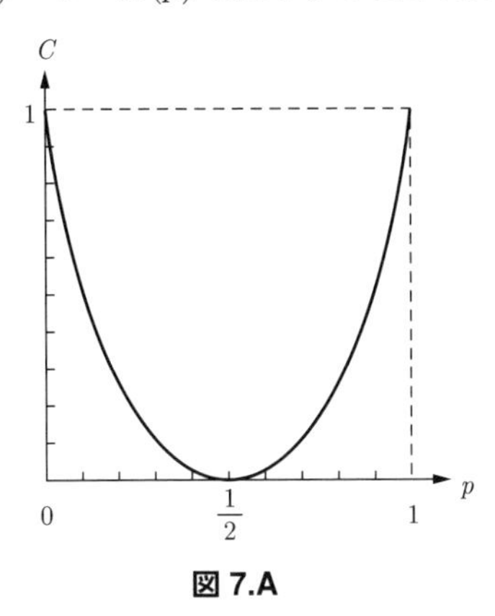

図 7.A

第 8 章

8-1　(1)　情報源符号化，通信路符号化

(2)　情報源符号化の目標はエネルギーと時間の節約であり，そのために最短の符号を構成する．一方，通信路符号化の目標は信頼性の向上であり，そのためにあえて冗長部分を加える符号化をし，誤りの検出・訂正を可能とする．2 つの記号 a と b を 2 元符号化（0, 1 系列で符号化）し，伝送する．情報源符号化の立場からは，最短符号を構成する必要があるので

$$\begin{aligned} &\mathrm{a} \ \rightarrow \ 0 \\ &\mathrm{b} \ \rightarrow \ 1 \end{aligned}$$

0, 1 はどちらに対応させてももちろんよいが，a → 01，b → 10 などとするよりは，明らかに短い．直接通信路を通してこの符号を伝送すれば，たとえば 0 を伝送した場合，途中の外乱の影響で，0 が 1 と受信者に伝わることがありうる．この場合，1 は b と復号され，伝送に誤りが生じたこととなる．これを避けるのが通信路符号化であり，非常に簡易な方法を実行すれば

$$\begin{aligned} &\mathrm{a} \ \rightarrow \ 0 \ + \ 0\,0 \ \rightarrow \ 0\,0\,0 \\ &\mathrm{b} \ \rightarrow \ 1 \ + \ 1\,1 \ \rightarrow \ 1\,1\,1 \end{aligned}$$

と，情報源符号化による符号へ，冗長部分としてそれと同じ 2 個の記号を付け加えることで実現できる．これが最良の方法ではないが，これにより，1/3 の誤りは訂正できる．すなわち，010 と受信した場合，000 の間違いであろうと判断し，多数決で a と判定できるわけで

ある．この例では，符号と同じ記号を繰り返したが，ある規則により冗長性を加え，誤りの検出・訂正を可能とするのが，通信路符号化である．

(3)　情報源符号化については，情報源符号化定理（シャノンの第1基本定理）があり，通信路符号化については，通信路符号化定理（シャノンの第2基本定理）がある．情報源符号化定理は，情報源符号化をする場合，どこまで短くできるかの指針を与えている．すなわち，平均符号長 L を情報源の発生エントロピー $H(S)$（下限）までは，うまくやれば短くできることを保証している．

一方，通信路符号化定理は，誤り確率が0となる伝送が可能となるための指針を与えている．すなわち，通信路容量 C 以下の伝送速度 R で，通信路を利用する場合は，うまく通信路符号化を行えば，誤り確率零の伝送ができることを保証している．

8-2 図8.1 (110 ページ)を参照.

第9章

9-1 偶数パリティなので，$1+0+1+0+1+1+0+p=0$ となるように p を選ぶ.

$$p=0$$

9-2 (1) 異なるところが，2箇所あるので，$h(\boldsymbol{x},\boldsymbol{y})=2$.

(2) 1の個数を調べることにより，$w(\boldsymbol{x})=w(\boldsymbol{y})=3$.

9-3 (1) $h(\boldsymbol{c}_1,\boldsymbol{c}_2)=1$

(2) $w(\boldsymbol{c}_1)=h(\boldsymbol{0},\boldsymbol{c}_1)=3$

(3) $h(\boldsymbol{c}_k,\boldsymbol{c}_\ell)$ を求めると，次の**表 9.A** のようになる.

表 9.A

ℓ \ k	1	2	3
1		1	2
2	1		3
3	2	3	

$$\therefore\ d_{\min}(C) = h(\boldsymbol{c}_1, \boldsymbol{c}_2) = 1$$

9-4 (1)　$h(\boldsymbol{x}, \boldsymbol{x})$ は，比較する 2 つの記号列の成分がすべて同じなので，$h(\boldsymbol{x}, \boldsymbol{x}) = 0$ となる．また $h(\boldsymbol{x}, \boldsymbol{y}) = 0$ であることは，$\boldsymbol{x}$ と $\boldsymbol{y}$ のすべての成分が同じであることから，$\boldsymbol{x} = \boldsymbol{y}$ である．

(2)　ハミング距離の定義は，2 つの記号列 $\boldsymbol{x}$ と $\boldsymbol{y}$ の異なる成分の数であるから，$\boldsymbol{x}$ と $\boldsymbol{y}$ の順序には依存しない．

(3)　k 成分を比較する．

$$\delta(x_k, y_k) + \delta(y_k, z_k) \begin{cases} = \delta(y_k, z_k) = \delta(x_k, z_k) & (x_k = y_k) \\ \geq 1 \geq \delta(x_k, z_k) & (x_k \neq y_k) \end{cases}$$

$$\therefore\quad \delta(x_k, y_k) + \delta(y_k, z_k) \geq \delta(x_k, z_k)$$

各項の和を取ると

$$\sum_{k=1}^{n} \delta(x_k, y_k) + \sum_{k=1}^{n} \delta(y_k, z_k) \geq \sum_{k=1}^{n} \delta(x_k, z_k)$$

$$\therefore h(\boldsymbol{x}, \boldsymbol{y}) + h(\boldsymbol{y}, \boldsymbol{z}) \geq h(\boldsymbol{x}, \boldsymbol{z})$$

Advance Note 9 A

距離の公理（119 ページ）(1)，(2)，(3) より，ハミング距離 $h(\boldsymbol{x}, \boldsymbol{y}) \geq 0$ が導かれる．すなわち，(3) において，$\boldsymbol{z} = \boldsymbol{x}$ とおくと

$$h(\boldsymbol{x}, \boldsymbol{y}) + h(\boldsymbol{y}, \boldsymbol{x})) \geq h(\boldsymbol{x}, \boldsymbol{x})$$

左辺へ (2)，右辺に (1) を使うと

$$2h(\boldsymbol{x}, \boldsymbol{y}) \geq h(\boldsymbol{x}, \boldsymbol{x}) = 0$$

$$\therefore h(\boldsymbol{x}, \boldsymbol{y}) \geq 0$$

9-5 (1)　誤り確率

(2)　$h(\boldsymbol{x}_1, \boldsymbol{y}_1) = 2$

(3)　$h(\boldsymbol{x}_1, \boldsymbol{y}_1) = 2$ より，$\boldsymbol{x}_1$ と $\boldsymbol{y}_1$ は，2 箇所で値が一致していない．したがって，2 箇所の値が異なる確率は，誤り確率が p なので p^2 である．値の一致している場所は，4 箇所なので，一致する確率は $(1-p)^4$ である．以上より

$$P(\boldsymbol{y}_1|\boldsymbol{x}_1) = p^2(1-p)^4$$

(4)　$h(\boldsymbol{x}, \boldsymbol{y}) = \alpha$ より，$\boldsymbol{x}$ と $\boldsymbol{y}$ は，α 箇所で値が一致していない．α 箇所の値が異なる確率は，p^α である．値が同じ場所は，$(n-\alpha)$ 箇所なので，一致する確率は $(1-p)^{(n-\alpha)}$ である．以上より

$$P(\boldsymbol{y}|\boldsymbol{x}) = p^\alpha(1-p)^{(n-\alpha)}$$

第 10 章

10-1 $\boldsymbol{H} = [\boldsymbol{P}, \boldsymbol{I}_3]$ なので

$$\boldsymbol{P} = \begin{bmatrix} 1 & 1 & 1 & 0 \\ 0 & 1 & 1 & 1 \\ 1 & 1 & 0 & 1 \end{bmatrix}$$

したがって

$$\boldsymbol{G} = [\boldsymbol{I}_4, \boldsymbol{P}^T] == \begin{bmatrix} 1 & 0 & 0 & 0 & 1 & 0 & 1 \\ 0 & 1 & 0 & 0 & 1 & 1 & 1 \\ 0 & 0 & 1 & 0 & 1 & 1 & 0 \\ 0 & 0 & 0 & 1 & 0 & 1 & 1 \end{bmatrix}$$

10-2

$$\boldsymbol{s} = \boldsymbol{y}\boldsymbol{H}^T = (1\ 0\ 1\ 0\ 0\ 0\ 1) \begin{bmatrix} 1 & 1 & 0 \\ 1 & 0 & 1 \\ 0 & 1 & 1 \\ 1 & 1 & 1 \\ 1 & 0 & 0 \\ 0 & 1 & 0 \\ 0 & 0 & 1 \end{bmatrix}$$

$$= (1\ 0\ 0) \neq \boldsymbol{0} \quad \Leftarrow \quad (\boldsymbol{H} \text{ の 5 列})$$

したがって，$\boldsymbol{y}$ の 5 番目の受信記号が誤っているので，0 を 1 と訂正す

ると，正しい受信記号ベクトルは

$$\boldsymbol{y}_{correct} = (1\ 0\ 1\ 0\ \boxed{1}\ 0\ 1)$$

となる．

10-3 (1)

$$\boldsymbol{G} = [\boldsymbol{I}_4, \boldsymbol{P}^T] = \begin{bmatrix} 1 & 0 & 0 & 0 & 1 & 1 & 0 \\ 0 & 1 & 0 & 0 & 1 & 0 & 1 \\ 0 & 0 & 1 & 0 & 0 & 1 & 1 \\ 0 & 0 & 0 & 1 & 1 & 1 & 1 \end{bmatrix}$$

(2)

$$\boldsymbol{H} = [\boldsymbol{P}, \boldsymbol{I}_3] = \begin{bmatrix} 1 & 1 & 0 & 1 & 1 & 0 & 0 \\ 1 & 0 & 1 & 1 & 0 & 1 & 0 \\ 0 & 1 & 1 & 1 & 0 & 0 & 1 \end{bmatrix}$$

(3)

$$\boldsymbol{s} = \boldsymbol{y}\boldsymbol{H}^T = (1\ 1\ 0\ 0\ 1\ 0\ 1) \begin{bmatrix} 1 & 1 & 0 \\ 1 & 0 & 1 \\ 0 & 1 & 1 \\ 1 & 1 & 1 \\ 1 & 0 & 0 \\ 0 & 1 & 0 \\ 0 & 0 & 1 \end{bmatrix}$$

$$= (1\ 1\ 0) \neq \boldsymbol{0} \quad \Leftarrow \quad (\boldsymbol{H}\text{ の 1 列})$$

したがって，$\boldsymbol{y}$ の 1 番目の受信記号が誤っているので，1 を 0 と訂正すると，正しい受信記号ベクトルは

$$\boldsymbol{y}_{correct} = (\boxed{0}\ 1\ 0\ 0\ 1\ 0\ 1)$$

となる．

10-4 (1) $\boldsymbol{G} = [\boldsymbol{I}_3, \boldsymbol{P}^T]$ なので

$$\boldsymbol{P} = \begin{bmatrix} 0 & 1 & 1 \\ 1 & 0 & 1 \\ 1 & 1 & 0 \end{bmatrix}$$

したがって

$$\boldsymbol{H} = [\boldsymbol{P}, \boldsymbol{I}_3] = \begin{bmatrix} 0 & 1 & 1 & 1 & 0 & 0 \\ 1 & 0 & 1 & 0 & 1 & 0 \\ 1 & 1 & 0 & 0 & 0 & 1 \end{bmatrix}$$

(2) シンドロームは，$\boldsymbol{s} = \boldsymbol{y}\boldsymbol{H}^T$.

次のようにシンドロームを用いることにより，誤りの存在についての判定ができる.

$\boldsymbol{s} = \boldsymbol{0} \quad \Longleftrightarrow \quad$ 誤りなし

$\boldsymbol{s} \neq \boldsymbol{0} \quad \Longleftrightarrow \quad$ 誤りあり

また，$\boldsymbol{s} \neq 0$ の場合は，誤りが 1 個であると仮定すると，次のように誤りの位置がわかる.

$\boldsymbol{s} = (\boldsymbol{H}$ の i 列$) \quad \Longleftrightarrow \quad i$ 番目の受信記号が誤り.

(3)

$$\boldsymbol{s} = \boldsymbol{y}\boldsymbol{H}^T = (1\ 0\ 1\ 1\ 0\ 0) \begin{bmatrix} 0 & 1 & 1 \\ 1 & 0 & 1 \\ 1 & 1 & 0 \\ 1 & 0 & 0 \\ 0 & 1 & 0 \\ 0 & 0 & 1 \end{bmatrix}$$

$$= (0\ 0\ 1) \neq \boldsymbol{0} \quad \Leftarrow \quad (\boldsymbol{H} \text{ の } 6 \text{ 列})$$

したがって，$\boldsymbol{y}$ の 6 番目の受信記号が誤っているので，0 を 1 と訂正すると，正しい受信記号ベクトルは

$$\boldsymbol{y}_{correct} = (1\ 0\ 1\ 1\ 0\ 1)$$

となる.

10-5 (1) $\boldsymbol{P}$ は，$(n-k) \times k$ 行列であるから，$n = 5$，$k = 2$.

(2)

$$\boldsymbol{G} = [\boldsymbol{I}_2, \boldsymbol{P}^T] = \begin{bmatrix} 1 & 0 & 1 & 0 & 1 \\ 0 & 1 & 0 & 1 & 1 \end{bmatrix}$$

(3) $\boldsymbol{u} = \boldsymbol{x}^T\boldsymbol{G}$ において，$\boldsymbol{x}^T$ として，00, 01, 10, 11 を代入すると

$\boldsymbol{u}_1 = (0\ 0\ 0\ 0\ 0)$

$\boldsymbol{u}_2 = (0\ 1\ 0\ 1\ 1)$

$\boldsymbol{u}_3 = (1\ 0\ 1\ 0\ 1)$

$$\boldsymbol{u}_4 = (1\ 1\ 1\ 1\ 0)$$

(4)　$\boldsymbol{u}_1, \boldsymbol{u}_2, \boldsymbol{u}_3, \boldsymbol{u}_4$ のうち，自分自身を含んで 2 個の和を求める．

$$\boldsymbol{u}_1 + \boldsymbol{u}_k = \boldsymbol{u}_k \quad (k = 1, 2, 3, 4)$$

$$\left.\begin{array}{l} \boldsymbol{u}_2 + \boldsymbol{u}_2 = \boldsymbol{u}_1 \\ \boldsymbol{u}_2 + \boldsymbol{u}_3 = \boldsymbol{u}_4 \\ \boldsymbol{u}_2 + \boldsymbol{u}_4 = \boldsymbol{u}_3 \end{array}\right\}$$

$$\left.\begin{array}{l} \boldsymbol{u}_3 + \boldsymbol{u}_3 = \boldsymbol{u}_1 \\ \boldsymbol{u}_3 + \boldsymbol{u}_4 = \boldsymbol{u}_2 \end{array}\right\}$$

$$\boldsymbol{u}_4 + \boldsymbol{u}_4 = \boldsymbol{u}_1$$

以上を用いると，3 個の和，4 個の和，$\cdots$ も $\boldsymbol{u}_1, \boldsymbol{u}_2, \boldsymbol{u}_3, \boldsymbol{u}_4$ で表される．

(5)

$$\boldsymbol{H} = [\boldsymbol{P},\ \boldsymbol{I}_3] = \begin{bmatrix} 1 & 0 & 1 & 0 & 0 \\ 0 & 1 & 0 & 1 & 0 \\ 1 & 1 & 0 & 0 & 1 \end{bmatrix}$$

(6)　i 番目に誤りがある誤りベクトル $\boldsymbol{e}_i$（$i = 1, \cdots, 5$）と，誤りがない場合 $\boldsymbol{e}_0 = (0\ 0\ 0\ 0\ 0)$ に対するシンドローム $\boldsymbol{s}_i$（$i = 0, \cdots, 5$）を求める．

$$\begin{bmatrix} \boldsymbol{s}_0 \\ \boldsymbol{s}_1 \\ \boldsymbol{s}_2 \\ \boldsymbol{s}_3 \\ \boldsymbol{s}_4 \\ \boldsymbol{s}_5 \end{bmatrix} = \begin{bmatrix} \boldsymbol{e}_0 \\ \boldsymbol{e}_1 \\ \boldsymbol{e}_2 \\ \boldsymbol{e}_3 \\ \boldsymbol{e}_4 \\ \boldsymbol{e}_5 \end{bmatrix} \boldsymbol{H}^T = \begin{bmatrix} 0 & 0 & 0 & 0 & 0 \\ 1 & 0 & 0 & 0 & 0 \\ 0 & 1 & 0 & 0 & 0 \\ 0 & 0 & 1 & 0 & 0 \\ 0 & 0 & 0 & 1 & 0 \\ 0 & 0 & 0 & 0 & 1 \end{bmatrix} \begin{bmatrix} 1 & 0 & 1 \\ 0 & 1 & 1 \\ 1 & 0 & 0 \\ 0 & 1 & 0 \\ 0 & 0 & 1 \end{bmatrix} = \begin{bmatrix} 0 & 0 & 0 \\ 1 & 0 & 1 \\ 0 & 1 & 1 \\ 1 & 0 & 0 \\ 0 & 1 & 0 \\ 0 & 0 & 1 \end{bmatrix}$$

以上より，誤りが i 番目の場合は，シンドローム $\boldsymbol{s}_i$ は，検査行列 $\boldsymbol{H}$ の i 列となる．

(7)　$\boldsymbol{s}_6 = 110$，$\boldsymbol{s}_7 = 111$

$\boldsymbol{s}_6 = \boldsymbol{s}_1 + \boldsymbol{s}_2$，$\boldsymbol{s}_7 = \boldsymbol{s}_2 + \boldsymbol{s}_3$ から，$\boldsymbol{s}_6$，$\boldsymbol{s}_7$ は 2 個の誤り $\boldsymbol{e}_1 + \boldsymbol{e}_2 = (1\ 1\ 0\ 0\ 0)$，$\boldsymbol{e}_2 + \boldsymbol{e}_3 = (0\ 1\ 1\ 0\ 0)$ に対応する．ただし，$\boldsymbol{s}_6 = \boldsymbol{s}_3 + \boldsymbol{s}_4$ とも書けるため，2 個の誤りを検出・訂正できるわけではない．$\boldsymbol{s}_7$ も同様である．

10-6　符号語 $\boldsymbol{u}$，$\boldsymbol{v}$ が線形符号 C の符号語であることの必要十分条件は，C の

検査行列 $\boldsymbol{H}$ と次の関係をもつことである．

$$\boldsymbol{u} \in C \iff \boldsymbol{u}\boldsymbol{H}^T = \boldsymbol{0}$$
$$\boldsymbol{v} \in C \iff \boldsymbol{v}\boldsymbol{H}^T = \boldsymbol{0}$$

ここで，符号語 $\boldsymbol{u}+\boldsymbol{v}$ を考える．

$$(\boldsymbol{u}+\boldsymbol{v})\boldsymbol{H}^T = \boldsymbol{u}\boldsymbol{H}^T + \boldsymbol{v}\boldsymbol{H}^T = \boldsymbol{0}$$
$$\therefore \quad \boldsymbol{u}+\boldsymbol{v} \in C$$

第 11 章

11-1 巡回置換を繰り返すと以下のようになる．

$$\begin{aligned} \boldsymbol{a} &= (1\ 1\ 0\ 0) \\ \boldsymbol{a}^{(1)} &= (0\ 1\ 1\ 0) \\ \boldsymbol{a}^{(2)} &= (0\ 0\ 1\ 1) \\ \boldsymbol{a}^{(3)} &= (1\ 0\ 0\ 1) \\ \boldsymbol{a}^{(4)} &= \boldsymbol{a} \end{aligned}$$

したがって，$\boldsymbol{a}^{(1)} = (0\ 1\ 1\ 0)$，$\boldsymbol{a}^{(2)} = (0\ 0\ 1\ 1)$，$\boldsymbol{a}^{(3)} = (1\ 0\ 0\ 1)$．

11-2

$$\begin{aligned} \boldsymbol{a} &= (1\ 1\ 0\ 0) \to F(x) &&= 1+x \\ \boldsymbol{a}^{(1)} &= (0\ 1\ 1\ 0) \to F^{(1)}(x) &&= x+x^2 \\ \boldsymbol{a}^{(2)} &= (0\ 0\ 1\ 1) \to F^{(2)}(x) &&= x^2+x^3 \\ \boldsymbol{a}^{(3)} &= (1\ 0\ 0\ 1) \to F^{(3)}(x) &&= 1+x^3 \end{aligned}$$

11-3 (1) 生成多項式の次数は，検査ビット数に等しいので，検査ビット長は，3 である．

(2)

$$\begin{aligned} G(x) &= 1+x^2+x^3 &&\to (1\ 0\ 1\ 1\ 0\ 0\ 0) \\ xG(x) &= x+x^3+x^4 &&\to (0\ 1\ 0\ 1\ 1\ 0\ 0) \\ x^2G(x) &= x^2+x^4+x^5 &&\to (0\ 0\ 1\ 0\ 1\ 1\ 0) \\ x^3G(x) &= x^3+x^5+x^6 &&\to (0\ 0\ 0\ 1\ 0\ 1\ 1) \end{aligned}$$

以上の符号（基底ベクトル）を，行列の形に並べると

$$\boldsymbol{G}^*_{(C)} = \begin{bmatrix} 1 & 0 & 1 & 1 & 0 & 0 & 0 \\ 0 & 1 & 0 & 1 & 1 & 0 & 0 \\ 0 & 0 & 1 & 0 & 1 & 1 & 0 \\ 0 & 0 & 0 & 1 & 0 & 1 & 1 \end{bmatrix}$$

ここで，行列の行等価変換を行い，行列を規約台形正準形に変形する．得られた行列は，巡回符号の生成行列である．

$$\boldsymbol{G}_{(C)} = \begin{bmatrix} 1 & 0 & 1 & 1 & 0 & 0 & 0 \\ 1 & 1 & 1 & 0 & 1 & 0 & 0 \\ 1 & 1 & 0 & 0 & 0 & 1 & 0 \\ 0 & 1 & 1 & 0 & 0 & 0 & 1 \end{bmatrix}$$

（新行 2=行 1+ 行 2，新行 3=行 1+ 行 2+ 行 3，新行 4=行 2+ 行 3+ 行 4）

(3)　(2) の結果から

$$\boldsymbol{G}_{(C)} = [\boldsymbol{P}^T,\ \boldsymbol{I}_4]$$

より，情報・検査ビット関連行列は

$$\boldsymbol{P} = \begin{bmatrix} 1 & 1 & 1 & 0 \\ 0 & 1 & 1 & 1 \\ 1 & 1 & 0 & 1 \end{bmatrix}$$

$\boldsymbol{H}_{(C)} = [\boldsymbol{I}_3, \boldsymbol{P}]$ に，求まった $\boldsymbol{P}$ を用いて，巡回符号の検査行列 $\boldsymbol{H}_{(C)}$ が

$$\boldsymbol{H}_{(C)} = \begin{bmatrix} 1 & 0 & 0 & 1 & 1 & 1 & 0 \\ 0 & 1 & 0 & 0 & 1 & 1 & 1 \\ 0 & 0 & 1 & 1 & 1 & 0 & 1 \end{bmatrix}$$

と求まる．

(4)

$$\boldsymbol{s} = \boldsymbol{y}\boldsymbol{H}_{(C)}^T = (1\ 1\ 1\ 0\ 1\ 0\ 1) \begin{bmatrix} 1 & 0 & 0 \\ 0 & 1 & 0 \\ 0 & 0 & 1 \\ 1 & 0 & 1 \\ 1 & 1 & 1 \\ 1 & 1 & 0 \\ 0 & 1 & 1 \end{bmatrix}$$

$$= (0\ 1\ 1) \quad \Leftarrow \quad \boldsymbol{H}_{(C)} \text{の 7 列}$$

したがって，$\boldsymbol{y}$ の 7 番目の受信記号が誤っているので，1 を 0 と訂正すると，正しい受信記号ベクトルは

$$\boldsymbol{y}_{correct} = (1\ 1\ 1\ 0\ 1\ 0\ 0)$$

となる．

(5)　$S(x) = x + x^2$

(6)　$S(x) = Y(x) \bmod G(x)$（$S(x)$ は，$Y(x)$ を $G(x)$ で割った余りであ

る）ここで，$Y(x)=1+x+x^2+x^4+x^6$，$G(x)=1+x^2+x^3$ より

$$(x^6+x^4+x^2+x+1)\div(x^3+x^2+1)$$
$$=x^3+x^2+1\cdots x^2+x$$
$$\therefore\quad S(x)=x+x^2$$

11-4 (1)　$(7,3)$ 巡回符号なので，x^7-1 の因数の中で，4 次のものが生成多項式となる．素因数分解すると

$$x^7-1=(1+x)(1+x+x^3)(1+x^2+x^3)$$

ここで，4 次の因数を探すと 2 個あり

$$G(x)=(1+x)(1+x+x^3)=1+x^2+x^3+x^4$$
$$G(x)=(1+x)(1+x^2+x^3)=1+x+x^2+x^4$$

(2)　• $G(x)=1+x^2+x^3+x^4$ のとき

$$\begin{aligned} G(x) &= 1+x^2+x^3+x^4 &&\to (1\ 0\ 1\ 1\ 1\ 0\ 0)\\ xG(x) &= x+x^3+x^4+x^5 &&\to (0\ 1\ 0\ 1\ 1\ 1\ 0)\\ x^2G(x) &= x^2+x^4+x^5+x^6 &&\to (0\ 0\ 1\ 0\ 1\ 1\ 1) \end{aligned}$$

以上の符号（基底ベクトル）を，行列の形に並べると

$$\boldsymbol{G}^*_{(C)}=\begin{bmatrix}1&0&1&1&1&0&0\\0&1&0&1&1&1&0\\0&0&1&0&1&1&1\end{bmatrix}$$

ここで，行列の行等価変換を行い，行列を規約台形正準形に変形する．得られた行列は，巡回符号の生成行列である．

$$\boldsymbol{G}_{(C)}=\begin{bmatrix}1&0&1&1&1&0&0\\1&1&1&0&0&1&0\\0&1&1&1&0&0&1\end{bmatrix}$$

(新行 2 = 行 1 + 行 2，新行 3 = 行 2 + 行 3)

$$\boldsymbol{G}_{(C)}=[\boldsymbol{P}^T,\boldsymbol{I}_3]$$

より，情報・検査ビット関連行列は

$$\boldsymbol{P}=\begin{bmatrix}1&1&0\\0&1&1\\1&1&1\\1&0&1\end{bmatrix}$$

$\boldsymbol{H}_{(C)}=[\boldsymbol{I}_4,\boldsymbol{P}]$ に，求まった $\boldsymbol{P}$ を代入して，巡回符号の検査行列

$\boldsymbol{H}_{(C)}$ が

$$\boldsymbol{H}_{(C)} = \begin{bmatrix} 1 & 0 & 0 & 0 & 1 & 1 & 0 \\ 0 & 1 & 0 & 0 & 0 & 1 & 1 \\ 0 & 0 & 1 & 0 & 1 & 1 & 1 \\ 0 & 0 & 0 & 1 & 1 & 0 & 1 \end{bmatrix}$$

と求まる.

- $G(x) = 1 + x + x^2 + x^4$ のとき

$$\begin{aligned} G(x) &= 1 + x + x^2 + x^4 &\rightarrow (1\ 1\ 1\ 0\ 1\ 0\ 0) \\ xG(x) &= x + x^2 + x^3 + x^5 &\rightarrow (0\ 1\ 1\ 1\ 0\ 1\ 0) \\ x^2G(x) &= x^2 + x^3 + x^4 + x^6 &\rightarrow (0\ 0\ 1\ 1\ 1\ 0\ 1) \end{aligned}$$

以上の符号（基底ベクトル）を，行列の形に並べると

$$\boldsymbol{G}^*_{(C)} = \begin{bmatrix} 1 & 1 & 1 & 0 & 1 & 0 & 0 \\ 0 & 1 & 1 & 1 & 0 & 1 & 0 \\ 0 & 0 & 1 & 1 & 1 & 0 & 1 \end{bmatrix}$$

ここで，行列の行等価変換を行い，行列を規約台形正準形に変形する．得られた行列は，巡回符号の生成行列である.

$$\boldsymbol{G}_{(C)} = \begin{bmatrix} 1 & 1 & 1 & 0 & 1 & 0 & 0 \\ 0 & 1 & 1 & 1 & 0 & 1 & 0 \\ 1 & 1 & 0 & 1 & 0 & 0 & 1 \end{bmatrix}$$

(新行 3=行 1+ 行 3)

$$\boldsymbol{G}_{(C)} = [\boldsymbol{P}^T, \boldsymbol{I}_3]$$

より，情報・検査ビット関連行列は

$$\boldsymbol{P} = \begin{bmatrix} 1 & 0 & 1 \\ 1 & 1 & 1 \\ 1 & 1 & 0 \\ 0 & 1 & 1 \end{bmatrix}$$

$\boldsymbol{H}_{(C)} = [\boldsymbol{I}_4, \boldsymbol{P}]$ に，求まった $\boldsymbol{P}$ を代入して，巡回符号の検査行列 $\boldsymbol{H}_{(C)}$ が

$$\boldsymbol{H}_{(C)} = \begin{bmatrix} 1 & 0 & 0 & 0 & 1 & 0 & 1 \\ 0 & 1 & 0 & 0 & 1 & 1 & 1 \\ 0 & 0 & 1 & 0 & 1 & 1 & 0 \\ 0 & 0 & 0 & 1 & 0 & 1 & 1 \end{bmatrix}$$

と求まる.

索　引

た行

な行

は行

ま行

や行

〈著者略歴〉
平 田 廣 則（ひらた　ひろのり）
工学博士
1971年　早稲田大学理工学部卒業
1976年　東京工業大学大学院理工学研究科博士課程修了
現　在　千葉大学名誉教授

●本文デザイン：田中幸穂（画房 雪）

情報理論のエッセンス（改訂２版）

2014 年 8 月 23 日　　第 1 版第 1 刷発行
2020 年 10 月 13 日　　改訂 2 版第 1 刷発行
2023 年 2 月 10 日　　改訂 2 版第 3 刷発行

著　者　平 田 廣 則
発 行 者　村 上 和 夫
発 行 所　株式会社 オーム社
郵便番号　101-8460
東京都千代田区神田錦町 3-1
電話　03(3233)0641(代表)
URL https://www.ohmsha.co.jp/

組版　Green Cherry　　印刷　美研プリンティング　　製本　協栄製本
ISBN978-4-274-22603-8　Printed in Japan